普通高等教育"十四五"规划教材

Python程序设计基础

曹红苹　高宇　刘升　主编

上海财经大学出版社

上海学术·经济学出版中心

图书在版编目(CIP)数据

Python 程序设计基础 / 曹红苹，高宇，刘升主编.
—上海：上海财经大学出版社，2024.7
普通高等教育"十四五"规划教材
ISBN 978-7-5642-4347-0/F·4347

Ⅰ.①P… Ⅱ.①曹… ②高… ③刘… Ⅲ.①软件工具—程序设计—高等学校—教材 Ⅳ.①TP311.561

中国国家版本馆 CIP 数据核字(2024)第 065990 号

责任编辑　姚　玮
封面设计　贺加贝

Python 程序设计基础
曹红苹　高　宇　刘　升　主编

上海财经大学出版社出版发行
(上海市中山北一路 369 号　邮编 200083)
网　　址:http://www.sufep.com
电子邮箱:webmaster@sufep.com
全国新华书店经销
上海华业装潢印刷厂有限公司印刷装订
2024 年 7 月第 1 版　2025 年 8 月第 2 次印刷

787mm×1092mm　1/16　17.5 印张　448 千字
定价:66.00 元

目　录

第 1 章　Python 语言基础 / 1

1.1　Python 简介 / 1

1.2　Python 环境配置 / 3

1.3　PyCharm 集成开发环境 / 4

1.4　输入输出函数 / 6

1.5　编码与命名规范 / 10

1.6　注释 / 13

本章小结 / 14

本章练习 / 14

第 2 章　变量和数据类型 / 16

2.1　对象与变量 / 16

2.2　数值类型 / 24

2.3　数值类型转换 / 25

2.4　常用运算 / 29

2.5　math 模块 / 40

本章小结 / 44

本章练习 / 45

第 3 章　Python 程序控制结构 / 47

3.1　顺序结构 / 47

3.2　选择结构 / 48

3.3　循环结构 / 57

3.4　程序的异常处理 / 74

本章小结 / 78

本章练习 / 79

1

第4章 函数 / 82

4.1 函数定义与调用基础 / 82

4.2 函数的参数传递 / 86

4.3 函数的返回值 / 92

4.4 变量作用域 / 95

4.5 匿名函数 / 97

4.6 递归函数 / 100

4.7 内置函数 / 103

4.8 自定义模块 / 107

本章小结 / 111

本章练习 / 111

第5章 字符串 / 115

5.1 字符串的创建 / 115

5.2 字符串的处理 / 119

5.3 内置的字符串方法 / 128

5.4 format 方法 / 140

5.5 random 模块 / 142

本章小结 / 152

本章练习 / 152

第6章 列表与元组 / 157

6.1 列表 / 157

6.2 元组 / 174

本章小结 / 179

本章练习 / 179

第7章 集合与字典 / 181

7.1 集合 / 181

7.2 字典 / 197

本章小结 / 213

本章练习 / 214

第 8 章　文件操作 / 220

8.1　文件打开与关闭 / 220

8.2　文件读写操作 / 223

8.3　CSV 文件操作 / 229

8.4　JSON 读写操作 / 232

8.5　NumPy 读写操作 / 236

8.6　文件与文件夹操作 / 240

本章小结 / 249

本章练习 / 249

第 9 章　数据可视化 / 250

9.1　Matplotlib 绘图 / 250

9.2　Pandas 绘图 / 261

9.3　CSV 文件数据可视化 / 266

本章小结 / 269

本章练习 / 270

参考文献 / 271

第 1 章　Python 语言基础

学习目标

理解 Python 语言的特点。
掌握 PyCharm 开发软件的安装与使用。
掌握输入、输出函数的使用。
了解 Python 语言的编写规范。

1.1　Python 简介

Python(读['paiθən])的创始人是吉多·范罗苏姆(Guido van Rossum),荷兰程序员。1982 年毕业于阿姆斯特丹大学,在取得数学和计算机科学硕士学位后,他曾在多家科研机构工作,2005—2012 年他在 Google 工作了 7 年,之后又离职加入 Dropbox。这门语言就是吉多在他 34 岁(1989 年)的圣诞节假期中设计出来的,现已风靡世界。

1.1.1　程序设计语言简介

计算机系统由硬件和软件组成。计算机和其外围设备被统称为硬件,计算机执行的程序被称为软件。计算机程序是指定计算机完成任务所需的一系列步骤。编程语言,又被称为程序设计语言,是一组用来定义计算机程序的语法规则。每一种语言都有一套独特的关键字和程序指令语法。

编程语言分为低级语言和高级语言两类。低级语言与特定的机器有关,高级语言独立于机器。机器语言和汇编语言属于低级语言,机器语言使用二进制代码编写程序,可读性差,但能够直接被计算机识别和执行;汇编语言使用简单的助记符来表示指令。高级语言是独立于计算机体系结构的语言,其最大特点是类似自然语言的形式描述对问题的处理过程,高级语言如 C++、C♯、Java 和 Python。用高级语言编写的程序叫源程序,不能被计算机直接识别和执行,必须将源程序转换成机器所能识别的二进制数才能被计算机执行。

将源程序转换成二进制数有以下两种转换方法:编译和解释。

(1) 编译:编译器(compiler)将源代码翻译成目标语言,如图 1-1 所示。

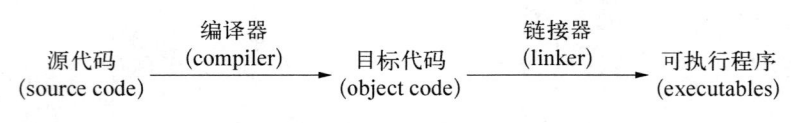

```
源代码              编译器           目标代码           链接器         可执行程序
(source code) ──(compiler)──→ (object code) ──(linker)──→ (executables)
```

图 1-1　编译源代码

(2) 解释：解释器(interpreter)直接解释执行高级程序设计语言。

高级编程语言根据转换方式分为：编译型语言和解释型语言两类。编译型语言如 C、C++、C#、Java 等，优点在于：源文件编译后的目标代码可以直接运行，编译所产生的目标代码执行速度通常更快。解释型语言如 PHP、Python 等，优点在于：源文件可以在任何操作系统上的解释器中运行，可移植性好；解释执行需要保留源代码，因此程序纠错和维护十分方便。

1.1.2　Python 的特点

Python 是一个高层次的结合了解释性、编译性、互动性和面向对象的脚本语言。Python 的设计具有很强的可读性，相比其他语言经常使用英文关键字、其他语言的一些标点符号，它具有比其他语言更有特色的语法结构。

(1) 简单：Python 是一种代表简单主义思想的语言。

(2) 易学：Python 语言很容易上手，因为 Python 语言的语法非常简单。

(3) 免费、开源：Python 是一款开源软件。

(4) 高层语言：当你用 Python 语言编写程序的时候，你无须考虑诸如如何管理你的程序使用的内存一类的底层细节。

(5) 可移植性：由于它的开源本质，Python 已经被移植到许多平台上。

(6) 解释性：一个用编译性语言比如 C 或 C++写的程序可以从源文件(C 或 C++语言)转换到一个你的计算机使用的语言(二进制代码)。

(7) 面向对象：Python 既支持面向过程的编程，也支持面向对象的编程。

(8) 可扩展性：如果你需要你的一段关键代码运行得更快或者希望某些算法不公开，部分程序就用 C 或 C++编写，然后在你的 Python 程序中使用它们。

(9) 库资源丰富：Python 标准库确实很庞大。还有诸多第三方库。

(10) 规范的代码：Python 采用强制缩进的方式使得代码具有极佳的可读性。

1.1.3　Python 的应用领域

(1) Python 的用途

① 云计算：云计算最热的语言，典型的应用如 OpenStack 等。

② WEB 开发：许多优秀的 WEB 框架，如 Django、Flask、FastAPI。

③ 网站开发：如 YouTube、Dropbox、Douban 等。

④ 科学计算和人工智能：典型的如 NumPy、SciPy、Matplotlib、Enided、Panda 等。

⑤ 系统操作和维护：操作和维护人员的基本语言。

⑥ 金融：定量交易、金融分析等。在金融工程领域，Python 不仅使用最多，而且其重要性逐年增加。

⑦ 图形 GUI：PyQT、WXPython、TkInter 等。

(2) 运用 Python 的公司

① 谷歌：Google.com、Google 爬虫、Google 广告等广泛使用 Python。

② CIA：美国中情局网站是用Python开发的。
③ NASA：美国航天局广泛使用Python进行数据分析和计算。
④ YouTube：世界上最大的视频网站YouTube是用Python开发的。
⑤ 知乎：中国最大的Q&A社区，通过Python开发（国际版叫Quora）。
⑥ 腾讯、百度、淘宝等公司正在使用Python来完成各种任务。

1.2 Python 环境配置

Python是解释型编程语言，必须安装Python解释器，还可以利用内置的IDLE编写Python程序。以下为在Window平台上安装Python3.11的简单步骤：

1.2.1 Python官网下载

打开WEB浏览器访问Python官网https://www.python.org/downloads/windows/，下载适合自己操作系统的安装包，如图1-2所示。

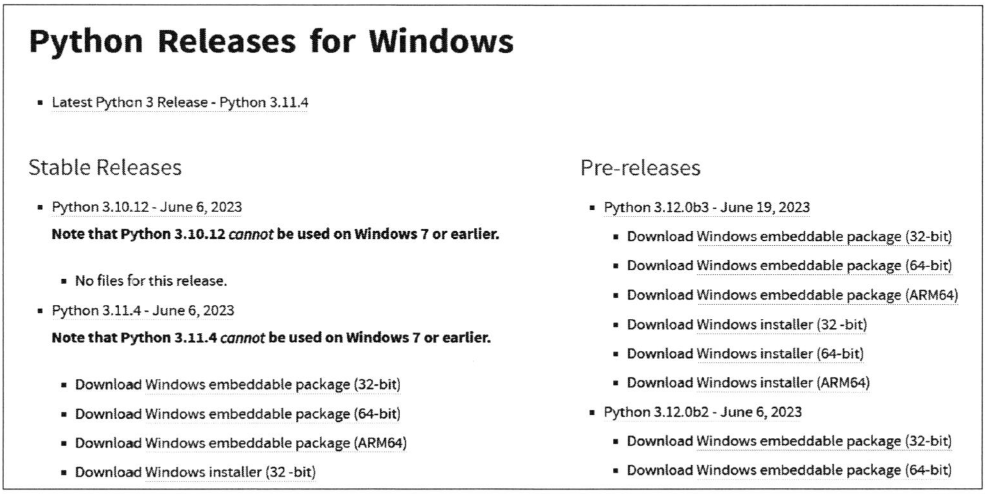

图1-2 Python官网下载页面

1.2.2 安装Python

在资源管理器中双击下载的安装包可以启动安装过程，单击Next按钮，在接下来的界面中，特别注意要勾选Install for all users复选框，勾选Add Python to environment variables复选框，把Python安装路径添加至系统环境变量。修改默认安装路径，一般不建议安装到太深的路径中，否则在进行后面的操作或者编写程序时不方便。然后单击Install按钮，直至最后安装完成。

1.2.3 Python开发环境IDLE的使用

Python安装好后，可启动IDLE，在交互模式下，三个大于号"＞＞＞"表示提示符，其后可输入Python语句，如图1-3所示。

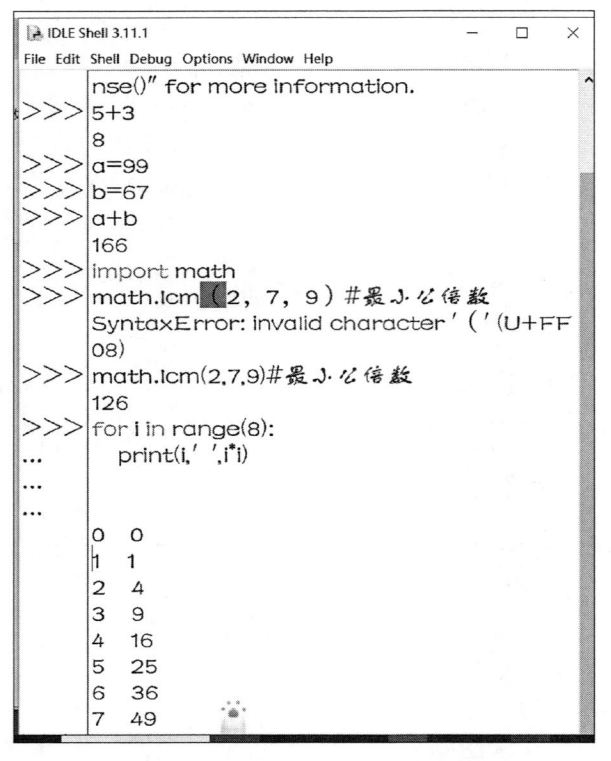

图1-3　Python3.11交互模式开发界面

每次只能执行一条语句,执行完一条语句之后必须等提示符再次出现才能输入下一条语句。在选择结构、循环结构、异常处理结构等类似场合下需要连续按两次回车键才能执行代码。

如果需要再次执行前面执行过的语句,就可以按组合键 Alt+P 和 Alt+N 翻看上一条语句或下一条语句,也可以把光标放在前面执行过的某条语句上然后按回车键把整条语句或整个选择结构、循环结构、异常处理结构复制到当前输入位置,或者使用鼠标选中其中一部分代码然后按回车键把选中的代码复制到当前输入位置。IDLE 开发环境的更多快捷键可自行查阅资料。

在交互模式中运行代码能更清楚地了解执行过程,比较适合用来查看或验证某个特定的用法,但这样的代码不便于保存、反复修改和使用。

1.3　PyCharm 集成开发环境

PyCharm 是一款 Python IDE,其带有一整套工具,可以帮助用户在使用 Python 语言编程时提高效率,比如:调试、语法高亮、Project 管理、代码跳转、智能提示、自动完成、单元测试、版本控制等。

1.3.1　PyCharm 的下载与安装

进入 PyCharm 官方下载地址:https://www.jetbrains.com/pycharm/download/,如图1-4所示。

找到你下载 PyCharm 的路径,双击.exe 文件进行安装。

图 1-4　PyCharm 官网

1.3.2　PyCharm 的使用

(1) 双击桌面上的 PyCharm 图标,进入 PyCharm 中。勾选 I confirm 后,点击 Continue。

(2) 进入创建项目界面,我们选择 New Project 新建项目。

(3) 修改 Location(项目目录路径),自己起个项目名 my_Project1。选择 interpreter(解释器),我们介绍的版本是 Python3.11,如图 1-5 所示。

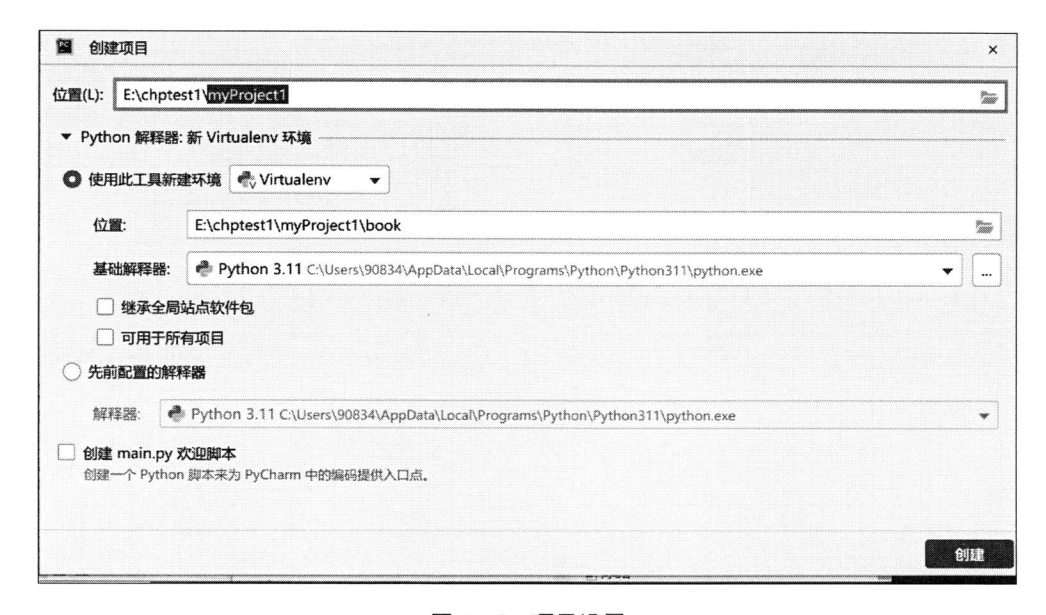

图 1-5　项目设置

(4) 创建.py 文件,选择项目点击 New→Python File,然后输入文件名为"test"。

(5) 写入代码,右键选择 Run "test",可看见控制台输出运行结果。

1.4　输入输出函数

无论程序的规模如何,每个程序都可以分为以下三部分:输入待处理的数据—执行相应的处理—通过输出返回。

(1) 输入数据(input)。输入是一个程序的开始。程序要处理的数据有多种来源,形成了多种输入方式,包括交互输入、参数输入、随机数据输入、文件输入、网络输入等。

(2) 处理数据(process)。处理是程序对输入数据进行计算并产生输出结果的过程。计算问题的处理方法统称为"算法"。

(3) 输出结果(output)。输出是程序输出处理的结果。程序的输出方式包括控制台输出、图形输出、文件输出、网络输出等。

1.4.1　输出函数

Python 用 print()函数进行输出。print()函数的语法如下:

```
print( * objects,sep= ' ', end = '\n', file = sys. stdout , flush = False)
```

(1) print()函数主要用于将单个对象或多个对象输出到屏幕上。输出多个对象时,用逗号","将要输出的对象隔开作为 print()函数的参数,输出时默认用空格对输出值进行分隔。

```
print(8,9,-88,99)    # 默认输出时用空格分隔
# 输出 8 9 - 88 99
a= 6
b= 8
print(a,b,a+ b)   # 输出 6 8 14
```

(2) 输出多个对象时,可以用 sep 参数指定分隔符号,sep 参数的值必须是字符串。

```
print(8,9,-88,99,sep= ',')     # 用 sep 参数指定符号','用于输出时分隔值
# 输出 8,9,-88,99
print(8,9,-88,99,sep= '* * ')   # 用 sep 参数指定符号'* * '用于输出时分隔值
# 输出 8* * 9* * - 88* * 99
```

(3) print()函数中,end 参数默认值是换行符('\n'),此参数省略时,执行 print()函数后会自动输出一个换行。

```
print(8)
print(9)
```

运行输出：

```
8
9
```

如果希望多个 print()语句的输出在同一行中，就可以给 print()函数中的 end 参数赋一个字符串类型的值，例如，设置 end=' '或 end=','使每条 print()语句输出后用空格或逗号代替默认的回车符，实现多条 print()语句输出在同一行内的效果。

```
print(8,end=' ')  # 单引号间有一个空格
print(9,end=', ')
print(- 88,end=' ')   # 输出:8 9,- 88
```

(4) print()函数中 file 参数的作用是设置输出设备，即把 print()中的值输出到什么地方，默认值是"sys. stdout"，意思是输出到标准输出设备(显示器)。修改此参数的值可以输出到其他设备或文件。例如，可以设置"file＝文件存储对象"，把内容输出存储到该文件对象中。

```
# 将字符串输出到文件对象 fo 中
with open ( 'text. txt','w') as fo: # 创建文件对象 fo
print("有志者,事竟成!",file *  fo) # 输出到文件对象 fo 中
```

程序执行完毕后显示器上无显示，字符中"有志者,事竟成!"被写入当前路径下的"text. txt"文件中，可用文本编辑器打开文件查看。print()函数会把内容放到缓存区中，缓存区中的内容并不一定即时刷新显示到屏幕或写入文件。通常来说，输出是否先进入缓存区由 flush 参数决定，如果设置 flush 为 True，就会在 print 语句结束之后，立即将缓存区中的内容显示到屏幕上，清空缓存区。

1.4.2　输出格式

print()函数只能输出用特定分隔符分隔的值，当需要更多的控制输出格式时，可以用以下方法。

(1) 格式化字符串字面值。用"f"或"F"做前缀格式化字符串输出。使用时，在字符串开始的引号或三引号前加上一个"f"或"F"，在字符串中，放置在大括号"{}"中的变量或表达式在程序运行时会被变量和表达式的值代替。

```
a= 6
b= 8
print(f'{a}+ {b}= {a+ b}')   # 输出 6+ 8= 14
```

为了增加用户友好性,可以在模板字符串中加入说明性字符串,这些字符串将被原样输出。

```
name = 'Tom'
gender = 'male'
age = '20'
print(f'姓名:{name},性别:{gender},年龄:{age}')   # 输出:姓名:Tom,性别:male,年龄:20
```

可以使用<和>符号来指定输出的对齐方式。
<:表示左对齐
>:表示右对齐

```
name = "Alice"
age = 25
print(f"Name:{name:< 10}> Age:{age:> 5}")
```

在这个例子中,{name:<10}表示将 name 变量左对齐,并在其右侧填充空格,使其总宽度为 10 个字符。{age:>5}表示将 age 变量右对齐,并在其左侧填充空格,使其总宽度为 5 个字符。输出如下:

```
Name:Alice      Age:    25
```

除用于字符串的输出外,此方法还可用于格式限定,使用方法是在大括号中加冒号和"格式限定符",如在冒号后面加".mf",可以控制输出保留小数点后 m 位数字的浮点数(float)。

```
a = 6
b = 11
print(f'{a}/{b}= {a/b}') # 6/11= 0.5454545454545454
print(f'{a}/{b} = {a/b:.2f}')     # 6/11 = 0.55 保留 2 位小数
print(f'{a}/{b} = {a/b:.5f}')     # 6/11 = 0.54545 保留 5 位小数
# 在":后传递一个整数可以让该字段成为最小字符宽度。这在设置列对齐时很有用。
print(f'{1} * {8} = {1 * 8:2}') # 1* 8=  8
print(f'{8} * {8} = {8 * 8:2}') # 8* 8= 64
```

(2)通过 str.format()方法将待输出的变量格式化成期望的格式。格式:

```
<模板字符串>.format(<逗号分隔的参数>)
```

<模板字符串>由一系列用大括号{}表示的替换域组成,用来控制修改字符串中嵌入值

出现的位置,调用此方法的"模板字符串"可以包含字符串字面值以及以一个或多个大括号括起来的替换域。每个替换域可以包含一个位置参数的数字索引或者一个关键字参数的名称。该方法被执行时会将 format()方法中用括号分隔的参数按约定规律替换到替换域中。

str.format()中也可以在大括号中加冒号和"格式限定符",在冒号后面加".mf"控制输出保留小数点后 m 位数字的浮点数(float)。

```
# str.format()的用法
a = 4.3
b = 9
print('{} + {} = {:.3f}'.format(a, b, a + b))   # 参数值按出现顺序填入替换域
print('{1} * {2} = {0:.3f}'.format(a * b, b, a))   # 参数序号为 0,1,2
```

输出结果:

```
4.3 + 9 = 13.300
9 * 4.3 = 38.700
```

可以看出,format()方法括号中的参数值将被填充到前面的替换域中,默认按替换域出现的顺序一一对应填入。如果替换域中标有序号,就将根据序号到 format()括号中查找序号对应的值进行填入。

(3) 字符串拼接的方法。用"+"将多个字符串拼接为一个字符串输出。参与拼接的可以是字符串,也可以是字符串变量,但参与拼接的变量为整数等其他数据类型时,需先用 str()函数将其转为字符串类型再参与拼接。

```
name = '李海'
age = 20   # 20 是整数,可用 str(age)转换为字符串"20"
height = 1.75
print('我叫' + name + ',今年' + str(age) + '岁,身高' + str(height) + '米')
```

输出结果:

```
我叫李海,今年 20 岁,身高 1.75 米
```

1.4.3 输入函数

input()函数的作用是从标准输入设备(键盘)获得用户输入的一行数据,无论用于输入的是字符型还是数字型的数据,input()函数都会将其作为一个字符串类型处理。

```
a = input('请输入数字:')   # 输入 5,默认为字符串"5"
b = input('请输入数字:')   # 输入 3,默认为字符串"3"
```

```
print(type(a))      # 输出< class 'str'> ,a 的类型是字符串
print( a + b)       # 输出 53,"+ "的作用是将两个字符串拼接为一个字符串
print(a* int(b))    # 输出 555,"。"的作用是将字符串重复整数 b 次
a= int(a)    # 字符串转换成整数型
b= int(b)    # 字符串转换成整数型
print(f'{a}+ {b}= {a+ b}')    # 输出 5+ 3= 8
```

当用户输入"5"和"3"时,输出结果分别为"53"和"555",而不是直接进行数学运算而得到"8"和"15",这表明即使输入数字型数据,系统也会将其作为字符串进行处理。

为了提高程序的用户友好性,input()可以包含一些提示性的文字,提示性文字放入双引号或单引号后再放于 input 后的括号内,例如:

```
name= input('请输入姓名:')
print('你真的是',name,'? ')    # 多参数输出,空格分隔
print('你真的是',name,'? ',sep = ")    # 多参数输出,空字符串分隔
print('你真的是'+ name+ '? ')    # 字符串拼接
print(f'你真的是{name}? ')       # "f"做前缀格式化字符串输出
```

运行时屏幕上会看到"请输入姓名:"的提示,同时程序做好接收用户输入的准备。输出结果:

```
你真的是 张华 ?
你真的是张华?
你真的是张华?
你真的是张华
```

注意到第一个 print 语句输出时,在变量 name 的值"张华"的前后各输出一个空格,这是由 print()函数的参数 sep 的默认值为空格导致的,可以在输出时设置参数 sep = "来消除空格,也可以用字符串拼接或"f"前缀格式化字符串的方法消除多余的空格。

1.5 编码与命名规范

1.5.1 编码规范

一般情况下,Python 编程遵循 PEP8 规范,下面仅给出其中一些主要的约定。

(1) 文件编码

在 Python 3 中,如无特殊情况,文件一律使用 UTF-8 编码。

(2) 代码缩进

缩进是一行代码开始前的空白区域。在 Python 中,程序中的代码并不都是垂直对齐的,缩进是 Python 语法的一部分,缩进能够表达程序的格式框架。缩进表示了所属关系,表达了

代码间的包含关系和层次关系。如果缩进不正确,就会导致程序运行的结果错误。建议使用4个空格进行缩进,制表符只能用于与同样使用制表符缩进的代码保持一致。Python 3 不允许混合使用空格和制表符的缩进。

(3) 引号

在 Python 中,单引号和双引号字符串是相同的。当一个字符串中包含单引号或者双引号字符时,使用与最外层不同的符号来避免使用反斜杠,从而提高可读性。对于三引号字符串,总是使用双引号字符来与 PEP 文档字符串约定保持一致。文档字符串(docstring)使用三个双引号"""……"""。

(4) import 语句

import 总是位于文件的顶部,在模块注释和文档注释之后,在模块的全局变量与常量之前。导入应该按照以下顺序分组:标准库导入,第三方库导入,本地应用库导入。

```
# 推荐的写法
import turtle
import math
from math import sqrt, pow
```

(5) 空格

① 在二元运算符"+""-""*""/""=""+=""=="">""<""in""is not""and"等两边各空一格。

```
# 推荐的程序语句写法示例
i = i + 1
my_sum = my_sum + i
Area = 3.14 * r ** 2
x = (- b + (b ** 2 - 4 * a * c) ** 0.5) / (2 * a)
```

② 数的参数列表中,逗号之后要有空格。

```
# 推荐的写法
def complex(real, imag) :
    pass
```

③ 左括号之后,右括号之前不要加多余的空格。

(6) 换行

Python 支持括号内的换行,这时有两种情况。

① 第二行缩进到左括号的起始处。

```
word = WordCloud(font_path= 'ws.ttc',   # 中文字体,须修改路径和字体名
                 background_color= 'Red',   # 设置背景颜色
```

```
                    max_words= 200,       # 设置最大词数
                    max_font_size= 90,    # 设置字体最大值
                    random_state= 18)     # 设置有多少种随机状态
```

② 第二行缩进 4 个空格，适用于起始括号就换行的情形。

```
def function_teacher(
    teacher_Id,
    teacher_Name,
    teacher_Gender):
```

Python 支持使用反斜杠"\"换行，二元运算符"＋""－"等应出现在行末；长字符串也可以用此法换行。一般来说，Python 一条语句不超过 80 字符，过长的语句建议分成多条，也可以使用反斜杠"\"换行。

```
a, b, c = 5, 8, 3
x = (- b + (b * * 3 - 5) * * 0.5) / (3 * a) + \
    ((b * * 3 + 5 * a * b) * * 2) / (9 * b)
print(x)                            # 7041.8566662554485
print('Hello Python! ' \
'It is my luck to meet you')        # Hello Python! It is my luck to meet you
```

禁止复合语句，即禁止一行中包含多个语句。

```
# 正确的写法
exec_first( )
exec_second( )
exec_third( )
# 禁用的写法
exec_first( ) ; exec_second() ; exec_third( )
x= 30:y= 88;z= 99      # 不报错,可执行,不建议使用
print(x,y,z)           # 30 88 99
```

if/for/while 要换行。

```
# 推荐的写法
if k= = True:
    print('I want to fight! ')
# 不推荐的写法
if k= = True:print('I want to fight!")   # 不报错,可执行,不建议使用
```

1.5.2 命名规范

Python中的命名可以使用大(小)写字母、数字和下划线(_)。

（1）类：使用首字母大写单词串，如 MyClass。
（2）函数和方法：小写单词＋下划线。
（3）变量：由下划线连接各个小写字母的单词，如 size、this_is_a_variable。
（4）常量：常量名所有字母大写，由下划线连接各个单词，如 SUM、MIN_ FLOW。
（5）异常：以"Error"作为后缀。
（6）文件名：全小写，可使用下划线，文件名不可使用系统的函数名和模块名(导入模块的文件名)。
（7）包与模块：简短的，小写字母的字，如 mymodule。

命名应当尽量使用完整的单词或多个单词的组合，以使意义清晰明确，缩写的情况有如下两种。

① 常用的缩写，如 XML 等，命名时也应只大写首字母，如 XmlParser。
② 命名中含有长单词，对某个词进行缩写时，应使用约定俗成的缩写方式。例如：

```
function 缩写为 fn
text 缩写为 txt
object 缩写为 obj
count 缩写为 cnt
number 缩写为 num
```

特定命名方式：主要是指"__ ＊ ＊ __"形式的系统保留字命名法。项目中也可以使用这种命名，它的意义在于这种形式的变量是只读的，类成员函数尽量不要重载。

1.6 注　　释

注释是用于提高代码可读性和可维护性的辅助性文字。注释分为单行注释和多行注释两种。单行注释以♯开头，其后的内容为注释。多行注释以三个单引号'''或三个双引号"""作为开头和结尾。注释语句在程序执行过程中会被过滤掉，不会被解释器执行，因此不会影响程序的执行速度。

编程时应该在自己不容易理解的代码处，别人可能不理解的代码处或提醒自己或者别人注意的代码等必要的地方加上单行注释。注释要有意义，一般用于描述代码的功能或参数的意义。例如以下程序：

```
"""
本程序计算两个数之和。
1.输入两个数
```

```
2.计算
3.输出计算结果
"""
# 从键盘输入两个数 m 和 n,用逗号分隔
m,n= eval('input(请输入两个数):')    # 输入两个数 m 和 n
s= m+ n                             # 计算 m+ n,赋值给 s
print(s)                            # 输出结果
```

上述程序中首先加入多行注释,用于说明本程序的功能和步骤。单行注释可以添加到单独的行或者与代码同行,如果同行,要在代码的后面。例如,最后一行输出结果的注释。

本章小结

本章主要介绍了程序设计语言的基本概念、环境配置、输入输出函数和编码规范等。

程序设计语言可以分成机器语言、汇编语言、高级语言三大类,高级语言分为编译和解释两种执行方式。Python 程序设计语言是典型的解释型语言,运行 Python 程序必须安装 Python 解释器,IDLE 可以用于编写执行代码,但 PyCharm 是一款 Python IDE,其带有一整套工具,可以帮助用户在使用 Python 语言编程时提高效率。

每个程序都可以分为输入数据、处理、输出结果三部分。

print()函数用于输出数据,多个对象间默认用空格分隔,可通过修改 sep 参数指定分隔符。每个 print()函数默认用换行符结束,可修改 end 参数值指定语句的换行符。可用 str.format()等方法将待输出数据格式化成期望的格式。

input()函数用于从标准输入设备(键盘)接收用户输入的一个字符串。

程序命名与编码要规范。Python 中的命名可以使用大(小)写字母、数字和下划线。Python 程序中的代码并不都是垂直对齐的,缩进是 Python 语法的一部分,缩进能够表达程序的格式框架。

本章练习

(1) 在交互式环境中打印"勤奋、求是、创新、奉献"字符串。
(2) 使用 pip 命令查看当前已安装的所有模块。
    pip list
(3) 输出 U、V、W、X、Y 这 5 个字符,要求如下。
① 字符之间用 3 个空格分隔。
② 字符之间用"———"分隔。
③ 字符之间用连字符(﹡﹡)分隔。
(4) 编写程序,输入自己的姓名学号,然后输出"加油!!!,自己的姓名学号"。
(5) 编写程序,输入<人名 1>和<人名 2>,在屏幕上显示如下的新年贺卡:

```
# # # # # # # # # # # # # # # # # # # # # # # # # # # # # # # # # #
#                  <人名1> 贺卡 <人名2>                          #
#                    新年快乐  万事如意                           #
# # # # # # # # # # # # # # # # # # # # # # # # # # # # # # # # # #
```

方法一：

```
name1 = input("Please enter a value for name1:")
name2 = input("Please enter a value for name2:")
print(f'''
# # # # # # # # # # # # # # # # # # # # # # # # # # # # # # # # # #
#       {name1} 新年贺卡 {name2}    #
#          新年快乐  万事如意        #
# # # # # # # # # # # # # # # # # # # # # # # # # # # # # # # # # #
''')
```

给出你自己的实现方法。

第 2 章　变量和数据类型

学习目标

掌握 Python 中的变量和数据类型。
掌握运算符的分类、运算符的优先顺序以及表达式的用法。
掌握不同运算符的作用，会进行不同类型的数据运算。
掌握常用内置函数和标准库函数的使用方法。
掌握 Python 中标识符的命名规范。
了解 Python 中的关键字。

2.1　对象与变量

Python 中把每个数据都抽象为一个对象，Python 程序中所有的数据都是对象或对象间的关系表示。数据的存储和管理都是分配一块内存空间，并用该段内存的首地址作为对象的身份标识，此值可以用 id() 函数获取。

2.1.1　对象与属性

Python 中所有模块、常数、类实例、函数、方法、布尔值、空值等都被称为对象。每个对象有 3 个基本属性：类型（type）、身份标识（id）和值（value）。type 可以理解为对象的数据类型，type(object) 函数返回对象 object 的数据类型。id 可以理解为这个对象占用的内存地址，id(object) 函数可返回表示对象 object 的身份标识，也就是系统为这个对象分配的内存的首地址，用一个整数表示。value 是这个对象存储的值。例如，创建了一个整数对象"666"，666 为这个对象的值，系统会为其分配一个内存区域，内存地址的编号被称为其身份标识，可用函数 id(666) 获取；整数类型"int"被称为其数据类型，可用函数 type(666) 来获取。

对象创建后，其身份标识 id 绝对不会改变。"is"操作符可比较两个对象的身份标识（id 值）是否相同，两个对象的值是否相等可用"=="进行比较运算。如果值相同的两个对象的身份标识不同，就说明这是两个不同的对象。

2.1.2 变量与赋值

计算机在进行数据处理的时候,需要先将其装载到内存,这样做的目的是利用内存强大的运算速度进行计算。计算机内存是以 byte 为单位的存储区域,每个内存单元都有自己的编号,被称为内存地址,是以十六进制表示的,不易记忆,所以在高级语言中使用变量来描述内存单元及存储在其中的数据。

变量名与内存单元地址相对应,值为存储在该内存单元中的数据,通过变量名来访问变量。变量提供了一种将名字与对象绑定的方法,变量可以理解为标识符、标签或名字,给变量赋值就相当于给已经创建的对象贴一个用于访问的标签。

赋值是指将一个对象或表达式的值传给一个标识符的操作。可以近似地将赋值理解为两部分的操作:一是将具体的对象存储在内存某地址处;二是将变量名与这个地址关联起来,相当于给这块内存区域绑定一个"标签",以后就用标签(变量名)来访问这块内存中存储的对象。

Python 中的变量不需事先声明,也无须指定数据类型,直接赋值即可创建所需类型变量,而且变量类型可以随时改变。而 Python 中将变量看作对象,只是与内存中某一个值对象绑定,在改变类型的时候解除这个绑定,并与另一个值对象绑定。变量的赋值方式主要包括普通赋值、链式赋值、增强赋值以及多元赋值。

(1) 普通赋值。普通赋值的语句格式如下:

<变量名> = <值或表达式>

这条赋值语句的作用是将左侧的变量指向右侧的值或者表达式结果。

```
print(f'6= {6:< 4},id(6)= {id(6)},type(6)= {type(6)}')
a = 6    # a不用定义,直接赋值
print(f'a= {a:< 4},id(a)= {id(a)},type(a)= {type(a)}')
b = 6.0       # 变量 b 赋值为 6.0
print(f'b= {b:< 4},id(b)= {id(b)},type(b)= {type(b)}')
b = '6'       # 变量 b 赋值为 字符'6'
print(f'b= {b:< 4},id(b)= {id(b)},type(b)= {type(b)}')
b = 10        # 变量 b 赋值为 10
print(f'b= {b:< 4},id(b)= {id(b)},type(b)= {type(b)}')
c = a + 1.0   # 变量 c 赋值为 7.0
print(f'c= {c:< 4},id(c)= {id(c)},type(c)= {type(c)}')
```

运行结果:

```
6= 6   ,id(6)= 140734592115656,type(6)= < class 'int'>
a= 6   ,id(a)= 140734592115656,type(a)= < class 'int'>
b= 6.0 ,id(b)= 1663673351888,type(b)= < class 'float'>
b= 6   ,id(b)= 140734592159128,type(b)= < class 'str'>
```

```
b= 10 ,id(b)= 140734592115784,type(b)= < class 'int'>
c= 7.0 ,id(c)= 1663673351536,type(c)= < class 'float'>
```

变量本身是没有任何意义的,它随着绑定的对象而变化。在 Python 中,变量仅仅是一个名字。一个赋值语句将把赋值符号左边的变量名字与右边值关联起来。一个对象可以没有名字、有一个名字有多个名字,这都是合法的。

```
# a、b、c 三个变量绑定在相同的对象 6 上。

print(f'6   ,id(6)= {id(6)},type(6)= {type(6)}')
a = 6
b = 6
c = 6
print(f'a= {a},id(a)= {id(a)},type(a)= {type(a)}')
print(f'b= {b},id(b)= {id(b)},type(b)= {type(b)}')
print(f'c= {c},id(c)= {id(c)},type(c)= {type(c)}')
print(f"a= = b: {a= = b}")
print(f"a is b: {a is b}")
print(f"a= = 6: {a= = 6}")
```

运行结果:

```
6  ,id(6)= 140734584382408,type(6)= < class 'int'>
a= 6,id(a)= 140734584382408,type(a)= < class 'int'>
b= 6,id(b)= 140734584382408,type(b)= < class 'int'>
c= 6,id(c)= 140734584382408,type(c)= < class 'int'>
a= = b: True
a is b: True
a= = 6: True
```

a、b、c 三个变量绑定在相同的对象 6 上,对象 6 有 3 个名字。

(2) 链式赋值。链式赋值的语句格式如下:

　　　　<变量名 1> =<变量名 2> =…<变量名 n> =<值或表达式>

链式赋值可以赋予多个变量同一个值或表达式。语句作用是各个变量指向最右侧的值或表达式结果。例如:a = b = c = 5,a、b、c 三个变量都指向对象 66,三个变量的值都是 66。

```
a = b = c = 66
print(f'a= {a},id(a)= {id(a)},type(a)= {type(a)}')
```

```
print(f'b= {b},id(b)= {id(b)},type(b)= {type(b)}')
print(f'c= {c},id(c)= {id(c)},type(c)= {type(c)}')
print(f"a= = b: {a= = b}")
print(f"a is b: {a is b}")
```

运行结果：

```
a= 66,id(a)= 140734596574024,type(a)= < class 'int'>
b= 66,id(b)= 140734596574024,type(b)= < class 'int'>
c= 66,id(c)= 140734596574024,type(c)= < class 'int'>
a= = b: True
a is b: True
```

a、b、c 三个变量绑定在相同的对象 66 上。

（3）增强赋值。

Python 提供增强赋值方式，如 a+=1，等价于 a=a+1。增强赋值具有书写简洁、执行速度快等特点。Python 中的赋值符号除了"="以外，还包括":=""+=""-=""*=""/=""%=""**="和"//="，具体描述如表 2-1 所示。

表 2-1　　　　　　　　　　　　赋　值　符　号

运　算　符	功　能　描　述	示　　　例
:=	直接赋值	a=5
+=	加法赋值	a+=5 相当于 a=a+5
-=	减法赋值	a-=5 相当于 a=a-5
*=	乘法赋值	a*=5 相当于 a=a*5
/=	除法赋值	a/=5 相当于 a=a/5
//=	整除赋值	a//=5 相当于 a=a//5
%=	取模赋值	a%=5 相当于 a=a%5
**=	幂赋值	a**=5 相当于 a=a**5

（4）多元赋值。多元赋值语句格式如下：

<变量名 1>,<变量名 2>,…,<变量名 n> =<值或表达式 1>,<值或表达式 2>,…,<值或表达式 n>

赋值号两边的变量与值或表达式的数量要一致，相对应地进行赋值。

多元赋值是把计算后的结果赋值给变量。

说明：等号右边的表达式在赋值之前被完全解析，右侧表达式是从左到右计算的。在赋值完成之前，a－b 的操作是已经完成了表达式的计算结果的，所以，如果 a,b ＝ b, a－b 不等同于 a ＝ b, b ＝ a－b。

```
a,b,c = 66,-7.8,"excel"   # 将 66 赋值给 a,将 -7.8 赋值给 b,将 "excel"赋值给 c
print(f'a= {a:<10},id(a)= {id(a)}  ,type(a)= {type(a)}')
print(f'b= {b:<10},id(b)= {id(b)}  ,type(b)= {type(b)}')
print(f'c= {c:<10},id(c)= {id(c)}  ,type(c)= {type(c)}')
a,b= b,a
print(f'a= {a:<10},id(a)= {id(a)}  ,type(a)= {type(a)}')
print(f'b= {b:<10},id(b)= {id(b)}  ,type(b)= {type(b)}')
```

则运行结果：

```
a= 66        ,id(a)= 140734596574024  ,type(a)= <class 'int'>
b= -7.8      ,id(b)= 2396375984528    ,type(b)= <class 'float'>
c= excel     ,id(c)= 2396376877808    ,type(c)= <class 'str'>
a= -7.8      ,id(a)= 2396375984528    ,type(a)= <class 'float'>
b= 66        ,id(b)= 140734596574024  ,type(b)= <class 'int'>
```

下面是 a,b ＝ b, a＋b 的情况：

```
a= 5
b= 10.1
print(f'a= {a:<10},id(a)= {id(a)}  ,type(a)= {type(a)}')
print(f'b= {b:<10},id(b)= {id(b)}  ,type(b)= {type(b)}')
a,b= b,b+a
print(f'a= {a:<10},id(a)= {id(a)}  ,type(a)= {type(a)}')
print(f'b= {b:<10},id(b)= {id(b)}  ,type(b)= {type(b)}')
```

运行结果：

```
a= 5         ,id(a)= 140715468710824  ,type(a)= <class 'int'>
b= 10.1      ,id(b)= 1886175477456    ,type(b)= <class 'float'>
a= 10.1      ,id(a)= 1886175477456    ,type(a)= <class 'float'>
b= 15.1      ,id(b)= 1886175477104    ,type(b)= <class 'float'>
```

下面是 a ＝ b, b ＝ a＋b 的情况：

```
a= 5
b= 10.1
a= b
b= b+ a
print(f'a= {a:< 10},id(a)= {id(a)}  ,type(a)= {type(a)}')
print(f'b= {b:< 10},id(b)= {id(b)}  ,type(b)= {type(b)}')
```

运行结果：

```
a= 10.1      ,id(a)= 2303164333776  ,type(a)= < class 'float'>
b= 20.2      ,id(b)= 2303164333744  ,type(b)= < class 'float'>
```

2.1.3　变量命名规范

为每个对象起一个简洁且能清晰表达对象意义的名字，以使自己编写的程序可以让其他程序员花尽可能少的时间阅读和理解。

```
# 良好命名的程序
pi= 3.14 # 圆周率
diameter= 4   # 直径
area= pi* (diameter * * 2) # 计算圆的面积
```

比较好的命名是使用单词及单词的组合作为变量名称，使其具有一定的意义，可提高程序的可读性和可维护性。变量名应既简短又具有描述性。例如，name 比 n 好，student_name 比 s_n 好，name_length 比 length_of_persons_name 好。

Python 变量的命名支持使用大小写字母、数字和下划线，且数字不能为首字符，例如，可将变量命名为 message_1，但不能将其命名为 1_message。

Python 变量名区分大小写字母，stu_name 和 Stu_name 不同。

常用的规范是用单词或下划线连接多个小写字母的单词作为变量名，如 number_id 或使用将首字母大写并直接连接的驼峰式命名，如 CheckID。

不要将 Python 关键字和函数名用作变量名，即不要使用 Python 保留用于特殊用途的单词，如 print。Python 3.11 中有 35 个关键字，这些关键字不能用作变量名，也不建议使用系统内的模块名、类型名或函数名作为变量名。

2.1.4　Python 关键字

关键字是预先保留的标识符，每个关键字都有特殊的含义，一般用于构成程序框架表达关键值和具有结构性的复杂语义，不能用于通常的标识符。Python3.11 目前拥有 35 个关键字。查看 Python keywords：进入 IDLE，执行命令 help ('keywords') 即可查看 Python 的关键字，如图 2-1 所示。

表 2-2 是 Python 的关键字及其含义。

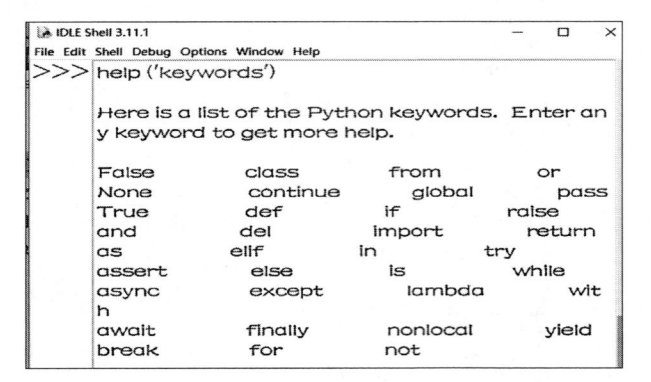

图 2-1　Python 的关键字

表 2-2　　　　　　　　　　　　Python 的关键字及其含义

关键字	含　　义
from	用于导入模块，与 C 结合使用
import	用于导入模块，可与 from 结合使用
in	判断对象是否在序列中
is	判断对象是否为某个类的实例
if	条件语句，可与 else、elif 组合使用，语句以冒号结束，子语句必须缩进
elif	条件语句，与 if、else 组合使用，语句以冒号结束，子语句必须缩进
else	条件语句，与 if、elif 组合使用，也可用于异常和循环语句，语句以冒号结束，子语句必须缩进
for	迭代循环语句，语句以冒号结束，子语句必须缩进
while	条件循环语句，语句以冒号结束，子语句必须缩进
continue	跳过本次循环剩余语句的执行，继续执行下一次循环
break	中断当前层循环语句的执行
pass	空的类、方法或函数的占位符
and	用于表达式运算、逻辑与操作
or	用于表达式运算、逻辑或操作
not	用于表达式运算、逻辑非操作
False	布尔类型，表示假，与 True 相反
True	布尔类型，表示真，与 False 相反
None	表示什么也没有，数据类型为 NoneType
class	用于定义类
def	用于定义函数或方法，语句以冒号结束，子语句必须缩进

续 表

关键字	含 义
return	用于从函数返回计算结果
yield	用于从函数依次返回值
lambda	定义匿名函数
try	包含可能出现异常后的语句,与except、finally结合使用
except	包含捕获异常后的操作代码块,与try、finally结合使用
finally	用于异常语句,出现异常后,始终要执行finally包含的代码块。与try、except结合使用,语句以冒号结束,子语句必须缩进
assert	断言,用于判断变量或者条件表达式的值是否为真
with	上下文管理器,可用于优化try、except、finally语句
as	用于设置别名
raise	用于异常抛出操作
del	用于删除对象或删除变量、序列的值
nonlocal	用于标识外部作用域的变量
global	用于定义全局变量
async	用于定义协程函数
await	用于挂起协程

from 具体含义可用命令 help(' from ')查看,如图 2-2 所示。

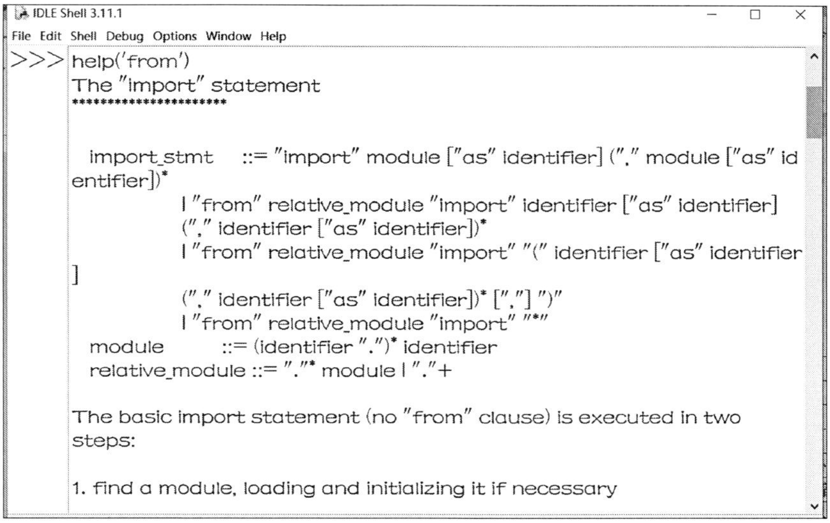

图 2-2 查看 from 具体用途

2.2 数值类型

Python 3 中可参与数学运算的数值类型主要有三种：整数(int)、浮点数(float)和复数(complex)。

2.2.1 整数

整数是不包含小数点的数字，包括十进制的 0、正整数和负整数以及其他进制的整数。例如，123、-45、0b1101(二进制)、0o17(八进制)、0xff(十六进制)。整数的 4 种进制表示如表 2-3 所示。

表 2-3　　　　　　　　　　　　　　　整数的进制表示

进制种类	引导符号	描 述 与 示 例
十进制	无	由字符 0 到 9 组成，遇 10 进 1，如 867、945
二进制	0b 或 0B	由字符 0 和 1 组成，遇 2 进 1，如 0b11010、0B1010011
八进制	0o 或 0O	由字符 0 到 7 组成，遇 8 进 1，如 0o634、0O175
十六进制	0x 或 0X	由字符 0 到 9 及 a、b、c、d、e、f 或 A、B、C、D、E、F 组成遇 16 进 1，如 0x4BF、0X5C9

如：

```
print(111,0b111,0x111,0o111,sep= '   ')
```

运行结果：

```
111   7   273   73
```

Python 中整数几乎是没有限制大小的，可以存储计算机内存能够容纳的无限大整数，而且整数永远是精确的。

除了通常意义上的整数以外，布尔值也属于整数的子类型。布尔值是两个常量对象 False 和 True。它们被用来表示逻辑上的"真值"或"假值"。在数值类型的上下文中，它们分别以整数"0"和"1"为值参与运算。

```
print(False * 5)        # 输出 0
print(True * 5 + 3)     # 输出 8
```

Python 内置函数 bool 可将给定参数转换为布尔值，bool 函数的返回值要么是 True，要么是False。在做转换时,0、None、空字符串、空列表、空元组、空集合、空字典都会被转换为False,除此以外,都会被转换为True。

```
print(bool(0))          # 输出:False
print(bool(1))          # 输出:True
print(bool(''))         # 输出:False
print(bool("Hello"))    # 输出:True
```

2.2.2 浮点数

浮点数有两种表示方法:十进制和科学记数法。

十进制表示的浮点数由整数部分、小数点与小数部分组成。其小数部分可以没有数字,但必须有小数点,此时相当于小数部分为0。当其没有小数部分且没有小数点时就退化成了整数。

例如,234.56、93.、42.0、7.567。

浮点数用科学记数法表示为<a>e<n>,等价于数学中的$a×10^n$。例如:2.386e4(2.386e4 = 2.386×10^4 = 23 860.0)。

计算机中数字的表示采用的是二进制的方式,十进制与二进制转换过程中可能引入误差,所以一般来说,浮点数无法保证百分之百的精确。

在需要指定浮点数的小数位数时,还可以用round(num,n)函数对浮点数num中小数部分超出n位的部分进行取舍,只保留n位小数。第n+1位数字的取舍规则:小于5时舍去;大于5时n位加1;数字为5时,取舍的原则是让前一位的值成为偶数。

2.2.3 复数

复数(complex)由实数部分和虚数部分构成,可以用a+bj,或者complex(a,b)表示,数的实部a和虚部b都是浮点数。可以用real和imag分别获取复数的实部和虚部,用abs(a+bj)获得复数的模。

```
print( abs(4.0 + 3.0j)) # 输出复数的模为5.0
print( (4.0 + 3.0j).real) # 输出实部为4.0
print( (4.0 + 3j).imag) # 输出虚部为3.0,复数的实部和虚部都是浮点数
```

Python支持复数类型及其运算,但入门阶段应用较少,读者有一个概念即可。

2.3 数值类型转换

在程序设计过程中,经常需要对数值类型进行转换。不同数值类型进行转换时,将数据类型作为函数名,将要转换的数字作为函数的参数即可完成转换。

(1) int(x)将浮点数x或整数类型字符串转换为一个整数。

```
print(int(6.25))  # 浮点数转整数,只保留整数部分,输出:6
print(int('6'))  # '3'为整数字符串,将其转为十进制整数,输出:6
print(int('6.25'))
# '6.25'不为整数字符串,报错:ValueError: invalid literal for int() with base 10: '6.25'
```

（2）float(x)将整数 x 或浮点数类型字符串转换为一个浮点数。

```
print(float(6))  # 整数转浮点数,增加小数位,小数部分为 0,输出:6.0
print(float('6.25'))      # 将字符串'6.25'转为浮点数 6.25
print(float('0.625'))     # 将字符串'0.625'转为浮点数 0.625
```

（3）complex(x)将浮点数 x 转换为一个复数,实数部分为 x,虚数部分为 0。
（4）complex(x[,y])将 x 和 y 转换为一个复数,实数部分为 x,虚数部分为 y。x 和 y 是数字表达式,x 可以是一个可以转换为数字或复数的字符串,此时不可再有参数 y。

```
print(complex(5))     # 整数转复数,虚部为 0,输出:(5+0j)
print(complex(5,8))   # 整数转复数,输出:(5+8j)
```

（5）eval(x)将数值型的字符串对象 x 转换为其对应的数值。如当 x 为字符串'3'时,转换结果为数值3;当 x 为字符串'3.0'时,转换结果为数值 3.0。

```
a= eval('100')     # 字符串'100'被转换为数值 100
print(a * 3)       # 100 * 3 = 300
a= eval('100.0')   # 字符串'100.0'被转换为数值 100.0
print(a * 3)       # 100.0 * 3 = 300.0
```

eval()函数还可以把用逗号分隔的多个数值型数据的字符串转换为一个元素为数值类型的元组。如 eval('3.5,3,2.0')的结果为(3.5,3,2.0)。利用这个特性,可实现在一条语句中将用逗号分隔的多个数值型数分别赋值给不同的变量,实现多变量的同步赋值。

```
m,n= eval(input("输入用逗号分隔的 2 个数值型数据:"))  # 分别赋值给 m、n
# 例如,输入 "8,15.1"
print(m,n)   # 输出 8 15.1
print(m* n)  # 输出 120.8
```

实际上,int()函数不仅可以进行浮点数与整数间的转换,而且可以进行字符串与数值类型的转换。语法:

```
int(x,base= 10)
```

当 x 是一个浮点数且没有参数 base 时,int()函数可以将这个浮点数转换成十进制数。当 x 不是数字或给定了参数 base 时,x 必须是一个整型的字符串,此时 int()函数将这个整型的字符串转成整数,base 为整数的进制,如 2、8、10、16 分别代表二进制、八进制、十进制和十六进制。

```
print(int(78.456))              # x 为浮点数,base 省略,取整数部分 78
print ( int('56'))              # x 为整型字符串,base 省略,转整数 56
# base 为 2 将二进制构成的字符串转成十进制整数,输出 27
print(int('11011',base= 2))     # 二进制 11011 转成十进制整数是 27
print(int('11011',2))           # base 可省略,二进制 11011 转成十进制整数是 27
print(int('110' + '11',2))      # 字符串 11011 可由字符串拼接而成,输出 27
print(int('11011'))             # 11011
print(int(110.11))              # 110
print(int('110.11'))            # ValueError: invalid literal for int ()
                                  with base 10: '110.11'
```

注意:'110.11'不是一个整型的字符串,int('110.11')出现 ValueError,不能转换为整数。

默认情况下 base=10,默认将一个十进制的整数形式的字符串转成十进制的整数。base 可以取的值包括 0、2~36 中的整数。当 base 取值为 0 时,系统根据字符串前的进制引导符确定该数的进制,例如:

```
print(int(0o45))                # '0o'表示这是八进制的整数,转换成十进制输出 37
print(int( '0o45',0))           # '0o'表示这是八进制的整数,转换成十进制输出 37
print(int( '0o45',base= 8))     # '0o'表示这是八进制的整数,转换成十进制输出 37
print(int( '45'))               # 输出 45
print(int( '45',16))            # 十六进制的整数转换成十进制输出 69 因 69= 4*
                                  16+ 5
print(int( '45',8))             # 八进制的整数输出 37 因 37= 4* 8+ 5
print(int('0o45'))              # ValueError: invalid literal for int () with
                                  base 10: '0o456'
```

需要注意的是,int()函数只能将整数字符串或浮点数转成整数,不能将浮点数字符串转成整数,例如,尝试将字符串'678.52'转成整数时,系统会返回 ValueError 异常:

```
print(int('678.52',base = 10))  # ValueError: invalid literal for int
() with base 10:'678.52'
```

【例 2-1】 计算长方体体积

长方体体积等于其长、宽、高的乘积,用户输入长、宽、高的值,按要求编程计算长方体的体积。要求如下:

① 输入3个正整数,输出结果为整数。
② 输入3个浮点数,输出结果为浮点数。
③ 输入3个正数,要求输出的数据类型与输入的数据类型保持一致。

Python输入会当作字符进行处理,字符串无法参与数学运算,所以在程序中需要将输入的字符串转为数值类型。

当用户的输入确定是整数时,程序中可以用int()函数将输入转为整数类型,计算结果也是整数。用int()函数不加其他参数将输入转为整数时,输入仅可包括"0、1、2、3、4、5、6、7、8、9"中的数字,当输入中包含小数点、字母等其他字符时,会触发ValueError异常。

```
# 输入整数表示的长方体的长和宽和高,计算并输出长方体的体积
width= int(input("请输入长方体的宽:"))    # 用int()函数将输入转换成整数,例
                                            如,输入4
length= int(input("请输入长方体的长:"))    # 输入5
height= int(input("请输入长方体的高:"))    # 输入6
area = width* length* height     # 利用体积公式计算体积
print(area)      # 输出120
```

当用户的输入确定是浮点数时,可以用float()函数将输入转为浮点数类型。当输入为整数时,也会被转为浮点数,计算结果也是浮点数。

```
# 输入浮点数表示长方体的长和宽和高,计算并输出长方体的体积
width= float(input("请输入长方体的宽:"))     # 用float()将输入转换成浮点
                                             数,输入3.6
length= float(input("请输入长方体的长:"))    # 输入6.7
height= float(input("请输入长方体的高:"))    # 输入4.9
volume = width* length* height   # 利用体积公式计算体积
print(volume)    # 输出118.18800000000002
print(round(volume,2))    # 保留2位小数,输出118.19
```

当用户输入不确定是整数还是浮点数时,如果想保证计算结果与输入的数据类型一致,就可以使用eval()函数,该函数在将输入转为可计算对象时,会保持数据类型与输入一致。输入整数时,转换后还是整数;输入浮点数时,转换后还是浮点数。

```
# 输入正数表示长方体的长和宽和高,计算并输出长方体的体积
width=  eval(input("请输入长方体的宽:"))      # 用eval()函数将输入转换成数值型
length= eval(input("请输入长方体的长:"))      # 用eval()函数将输入转换成数值型
height= eval(input("请输入长方体的高:"))      # 用eval()函数将输入转换成数值型
volume = width* length* height  # 利用体积公式计算体积
print(volume)   # 输入2,3,5 ,输出30; 输入4.8,2,5,输出48.0;
```

2.4 常用运算

几乎所有程序都涉及运算符和表达式。运算符是一些特殊符号的集合,数学运算中的加(+)、减(-)、乘(*)、除(/)等都是运算符。表达式是用运算符将对象连接起来构成的式子。Python 支持数值运算、比较(关系)运算、成员运算、真值测试、布尔(逻辑)运算、身份运算和位运算等运算形式,下面分别介绍这几种运算。

2.4.1 数值运算

Python 内置了"+""-""*""/""//""%"和"**"等数值运算操作符,分别被用于加、减、乘、除、整除、取模和幂运算。具体功能如表 2-4 所示。

表 2-4　　　　　　　　　　　　　数值运算运算符

运算符	描　　述	实例(变量 a=5,变量 b=10)
+	加:两个对象相加	print(a + b)　#结果为 15
-	减:得到负数或是一个数减去另一个数	print(a-b)　#结果为 -5
*	乘:两个数相乘或是返回一个被重复若干次的字符串	print(a * b)　#结果为 50 print("65"*3)　#结果为"656565"
/	除:x 除以 y	print(a/b)　　#结果为 0.5

//	取整除:往小的方向取整数	print(a // b)　#结果为 0　0.5 往小的方向取整数
		print(6.0 / 5)　#结果为 1　1.2 往小的方向取整数
		print(-6.0 // 5)　#结果为 -2　-1.2 往小的方向取整数

%	取模:返回除法的余数	a % b 输出结果 5　a%b=a-(a//b)*b=5-0*10=5
**	幂:返回 x 的 y 次幂	print(a ** b)　#结果为 5 的 10 次方

这里的加、减、乘与数学上同类运算意义相同。

Python 中的除法有以下两种。

(1) 精确除法:无论参与运算的数是整数还是浮点数,正数还是负数,都是直接进行除法运算,运算结果的类型总是浮点数。

```
print(23 / 5)    # 精确除的结果永远为浮点数 4.6
print(- 23 / 5)  # - 4.6
```

(2) 整除(//),采用的是向负无穷大的方向取整。需要注意的是,当参与运算的两个操作数都是整数时,结果是整型;当有浮点数参与运算时,结果为浮点型的整数。

```
print(23 // 5)      # 4,取负无穷大方向最接近4.6的那个整数4
print(23.0 // 5)    # 4.0,结果为浮点类型的整数
print(-23 // 5)     # -5,取负无穷大方向最接近-4.6的那个整数-5
print(-23 // -5)    # 4
print(23 // -5)     # -5
```

在Python中,"％"运算符是取模运算：a％b=a-(a//b)*b

```
print(-13 % 6)    # 输出:5
print(-13 % -6)   # 输出:-1
print(13 % 6)     # 输出:1
print(13 % -6)    # 输出:-5
print(7.5 % -4)   # 输出:-0.5
print(8 % -4)     # 输出:0
```

Python采取的向下取整算法决定了模运算的一个规律：模非零时,其符号与除数相同。取模运算(％)主要应用于具有周期性规律的场景,如可用x％2的结果是0还是1判断整数x的奇偶性；利用日期对7取模可将日期落在星期一到星期日的区间内。

Python中用两个星号"**"表示幂运算,a的b次幂的表达式是a**b。幂运算优先级比取反高,如-3**2的运算顺序与-(3**2)相同,即先进行幂运算,再取反,最终的值为-9。在复杂表达式中适当加括号是较好的编程习惯,既可以确保运算按自己预定的顺序进行,又可以提高程序的可读性和可维护性。例如：

```
print(-3 ** 2)     # 先进行幂运算,再取反,结果为-9
print(-(3 ** 2))   # 先进行幂运算,再取反,结果为-9
print((-3) ** 2)   # 3先取反,再进行幂运算,结果为9
```

【例2-2】 一元二次方程可以用求根公式进行求解。现有一元二次方程：$ax^2+bx+c=0$,当a、b、c的值分别为4、7、2时,编程求其实根。

此题中,判别式$b^2-4ac=7\times7-4\times4\times2=17>0$,该方程有两个不相等的实数解,可利用一元二次方程的求根公式$x=\dfrac{-b\pm\sqrt{b^2-4ac}}{2a}$进行计算。

将求根公式转换为程序中的表达式：

x1=[-b+(b*b-4*a*c)**(1/2)]/(2*a)
x2=[-b-(b*b-4*a*c)**(1/2)]/(2*a)

表达式中的乘号不可以省略,分母中的(2*a)的括号不能省略,否则因乘除的优先级相同,会按先后顺序进行运算,那么结果就是除以2再乘a。如果一定要去掉括号的话,可以将2*a中的乘号改为除号(/)以保持数学上的运算顺序。分子里(1/2)的括号不可以省略,因为幂运算优先级高于除法运算,没有括号时会先计算1次幂,再除以2,计算顺序错误。为避免这个问题,可以将(1/2)改写为0.5。

```
a, b, c = 4, 7, 3   # 同步赋值4、7、3分别赋值给a、b、c
x1 = (- b + (b * b - 4 * a * c) ** (1 / 2)) / (2 * a)
x2 = (- b - (b * b - 4 * a * c) ** (1 / 2)) / (2 * a)
# x2= (- b- (b* * 2-4 * a * c) ** 0.5) / (2 * a)      # 用0.5代替1/2
print(x1, x2)   # 在一行内输出- 0.75 - 1.0,输出结果用空格分隔
```

当a、b、c的值都为5,判别式结果小于0,此时方程有两个用复数表示的虚根,即(—0.4999999999999999+0.8660254037844387j)和(—0.500000000000001—0.8660254037844387j)。

2.4.2 比较运算

比较运算是将比较运算符用于比较两个值,并确定它们之间的关系,结果是一个逻辑值: True 或 False。

Python 中有 8 种比较运算,包括 2 种一致性比较(==、!=)、4 种次序比较(<、>、<=、>=)和 2 种标识号比较(is 和 is not)。

它们的优先级相同,比布尔运算优先级高。比较运算符可以连续使用,例如,x<y<=z 相当于同时满足条件 x<y 和 y<=z。

Python 所有的内建类型都支持比较运算,不同的类型的比较方式不一样。一致性比(==和!=)基于对象的标识号,具有相同标识号的实例一致性比较结果为相等,具有不同标识号的实例一致性比较结果为不等,即 a is b 就意味着 a==b。

数值类型会根据数字大小和正负进行比较,而字符串会根据字符串序列值进行比较。int、float 等同属于数值类型,可以相互比较,其他如数值、字符串等不同类型的对象不能直接进行比较运算。None 和任何其他的数据类型比较永远返回 False。

运算符 is 和 is not 用于检测对象的标识号是否相同,也就是比较两个对象的存储单元是否相同,可使用 id()函数来获取对象内存地址,两个对象的内存地址如果相同,则为同一个对象,地址不同,则是不同对象。即当且仅当 id(a)==id(b)时,a is b 结果为 True。a is not b 会产生相反的逻辑值,即当 id(a)!=id(b)时,引用的不是同一个对象返回结果 True,否则返回 False。比较运算符的描述如表 2-5 所示。

表 2-5   比较运算符

运算符	描述	实例(设 a=15,b=20)
==	等于:比较 a、b 两个对象是否相等	(a==b) 返回值 False
!=	不等于:比较 a、b 两个对象是否不相等	(a!=b) 返回值 True
>	大于:返回 a 是否大于 b	(a>b) 返回值 False
<	小于:返回 a 是否小于 b	(a<b) 返回值 True
>=	大于或等于:返回 a 是否大于或等于 b	(a>=b) 返回值 False
<=	小于或等于:返回 a 是否小于或等于 b	(a<=b) 返回值 True

续表

运算符	描 述	实例(设 a=15,b=20)
is	判断两个标识符是否引用自一个对象	c = 20 print(c is b) 返回值 True
is not	判断两个标识符是否引用自不同对象	print(a is not b)返回值 True

2.4.3 成员运算

成员运算的运算符是 in 和 not in。如果 a 是 d 的成员,则 a in d 值为 True,否则为 False。a not in d 返回 a in d 取反后的值。所有内置列和集合类型以及字典都支持此运算,对于字典来说,in 检测其是否有给定的键。

对于字符串和字节串类型来说,当且仅当 a 是 d 的子串时,a in d 为 True。空字符串""总是被视为任何其他字符串的子串,因此"" in "xyz"将返回 True。成员运算符的描述如表 2-6 所示。

表 2-6　　　　　　　　　　成 员 运 算 符

运算符	描 述	实 例
in	如果对象在某一个序列中存在,返回 True,否则返回 False	print ('o' in 'orange') # True
not in	如果对象在某一个序列中不存在,返回 True,否则返回 False	print ('d' not in 'orange') # True

Python 中的成员运算使用的语法如下:

```
obj [ not ] in sequence
```

```
import random

# 定义一个字符串,其中包含所有可能的字符
characters = 'abcdefghijklmnopqrstuvwxyz ABCDEFGHIJKLMNOPQRSTUVWXYZ0123456789'

# 从字符串中随机选择一个字符
random_char = random.choice(characters)


uppercase = 'ABCDEFGHIJKLMNOPQRSTUVWXYZ'
if random_char in uppercase:          # 存在性测试
```

```
    print('这是大写字母')
if random_char not in uppercase:      # 不存在性测试
    print('这不是大写字母')
```

2.4.4 真值测试

Python 中一切都是对象,一切空对象的值均为 False,所有非空对象均为 True,也可用 bool()函数测试。

```
print(bool('smile'))   # 非空字符串,结果为 True
print(bool(689))   # 非 0 数字,结果为 True
print(bool(0))   # 浮点数 0.0 与数字 0 等值,结果为 False
print(bool(0.0))   # 浮点数 0.0 与数字 0 等值,结果为 False
print(bool('0'))   # 字符 0 是非空字符串,结果为 True
print(bool(' '))   # 空格是非空字符串,结果为 True
print(bool(''))   # 空字符串,结果为 False
print(bool([]))   # 空列表,结果为 False
print(bool(()))   # 空元组,结果为 False
print(bool(set()))   # 空集合,结果为 False
print(bool({}))   # 空字典,结果为 False
print(bool(None))   # None 类型,结果为 False
```

利用 if 或 while 条件表达式或通过逻辑运算,任何对象都能被用于真值测试。真值测试的结果只有 True 和 False,分别对应数字"1"和"0",True 和 Fasle 可以分别以整数"0"和"1"直接参与数学运算。

True 和 False 的值可用以下方法测试:

```
print(True = = 1)   # 输出 True
print(1 = = True)   # 输出 True
print(6 = = True)   # 输出 False
print(False = = 6)   # 输出 False
print(False = = 0)   # 输出 True
print(0 = = False)   # 输出 True
print(100 + True)   # 100+ 1,输出值为 101
print(True + False)   # 1+ 0,输出值为 1
print(True * 5 + False + 7)   # 1* 5+ 0+ 7.输出值为 12
```

Python 中,除以下几种情形以外的值均为 True。

(1) 定义常量为 None 或者 False。

(2) 任何数值类型的 0,包括 0、0.0、0j、Decimal(0)、Fraction(0.1)。

(3) 空序列、空字典、空集合、空对象等，如()、[]、11、set()、range(0)。

None 是一个特殊的常量，起到空的占位作用，它有自己的数据类型 NoneType。None 不是 False，不是 0，也不是空字符串。

2.4.5 逻辑运算

Python 语言支持逻辑运算符，包括 and(与)、or(或)、not(非)运算。三种运算的表达式与功能描述如表 2-7 所示，按优先级顺序排序。

表 2-7　　　　　　　　　　　　　布　尔　运　算　符

运算符	表达式	功 能 描 述
or	a or b	首先对表达式 a 求 bool()值，如果值为 True，则返回 a 的值，否则对表达式 b 求值并返回其结果值
and	a and b	首先对表达式 a 求 bool()值，如果值为 False，则返回 a 的值 False，否则对表达式 b 求值并返回其结果值
not	not a	表达式 x 的 bool()值为 False 时返回 True，否则返回 False

not 运算：

```
print(bool(99))    # True
print(bool('sunny'))   # True
print(bool(77 + 5))  # True
print(bool(''))    # False
print(not 'sunny')  # False
print(not 99)  # False
print(not '')  # True
print(not 77 + 5)  # False
print(not True)  # False
print(not False)  # True
```

and 和 or 都不限制其返回的值和类型必须为 False 和 True，而是返回最终求值的结果。

若 and 左侧表达式 bool()值为 False，则直接输出 and 左侧表达式的值；若 and 的左侧的 bool()值为 True，则直接输出 and 右侧的表达式的值。

```
print(bool(99))    # 布尔值为 True
print(bool('sunny'))   # 布尔值为 True
print(bool(''))    # 布尔值为 False
print(99 and 'sunny')   # and 左侧 99 布尔值为 True，返回 and 右侧表达式的值 sunny
```

```
print(99 and '')    # and 左侧 99 布尔值为 True,返回 and 右侧表达式的值''
print(99 and True)    # and 左侧 99 布尔值为 True,返回 and 右侧表达式的值 True
print(99 and False)    # and 左侧 99 布尔值为 True,返回 and 右侧表达式的值
                         False
print('' and 99)   # and 左侧''布尔值为 False,返回''
print(False and 99)   # and 左侧 False 布尔值为 False,返回 False

if (99 and ''):   # 99 and '' 的值是空字符串'',布尔值为 False
    print('- - -True- - -')   # 此语句永远不会被执行
else:
    print('- False- ')   # 输出 - False-
```

or 两边的 a 和 b 可以是数字、变量或表达式。若 or 的左侧表达式的 bool()值为 True,则直接输出 or 左侧表达式的值;若 or 左侧表达式的 bool()值为 False,则直接输出 or 右侧表达式的值。

```
print(bool(99))   # 布尔值为 True
print(bool('sunny'))   # 布尔值为 True
print(bool(''))   # 布尔值为 False
print(99 or 'sunny')   # or 左侧 99 布尔值为 True 返回整数 99
print('' or 99)   # or 左侧''布尔值为 False,返回 or 右边表达式的值 99
print(99 or '')   # or 左侧 99 布尔值为 True 返回整数 99
print('' or 77 + 5)   # or 左侧''布尔值为 False,返回 or 右边表达式的值 82
print(99 or 77 + 5)   # or 左侧 99 布尔值为 True 返回整数 99, 77+ 5 不运算
print(True or 77 + 5)   # or 左侧 True 布尔值为 True 返回 True, 77+ 5 不运算
```

在 Python 中,逻辑操作符(and、or)具有短路逻辑的特性:如果逻辑表达式中的第一个操作数已经确定表达式的真值或假值,Python 就不会计算第二个操作数,这可以提高代码的执行效率。

在下面的代码段中,如果用户输入非空,input()语句的返回值为"True",那么它的值就会赋给 address,且不再对 or 右侧进行处理;用户不输入任何字符而直接按 Enter 键时,input()函数获得的是空字符串,or 左侧表达式的结果为"False",此时逻辑运算的值为 or 右侧的表达式值,右侧表达式是字符串"保密",即将字符串"保密"赋值给变量 address。这种表达方法与使用 if 语句效果相同,但更简洁。

```
address = input('请输入您的地址:') or '保密'
print(address)   # 无输入,直接按 Enter 键时,输出"保密"
```

当发生短路之后,该语句短路处之后的所有代码都不会被执行。短路特性可以有效地提高效率。把容易判断、计算量较小的表达式放在逻辑运算符的左侧,可以减少不必要的运算,

提高算法效率。如判断一个数是否是回文素数时,将判断回文表达式 str(i)==str(i)[::-1]放在运算符左侧,当不是回文时,不再执行右侧判定素数函数 isprime(i)。因判定素数的计算量较大,所以这样设计可以极大地降低运算量,提高效率。

```
if str(i)= = str(i)[::- 1] and isprime(i):    # 字符串 i 是回文,数值 i 是素数
    print(i)
```

逻辑运算符 or、and、no 中 no 级别最高,or 级别最低,按优先级升排序为 or＜and＜not,如:

```
print(99 or 0 and 88)    # 输出 99
```

由于 or 优先级最低,最后参与计算,因此先计算 0 and 88 的值,表达式等价于在 0 and 88 上加括号:

```
print(99 or( 0 and 88))  # 输出 99
```

表达式中,or 的左侧为 99 非 0,结果为 True 触发短路,or 右侧不需要再计算,总的结果就是 99。

```
print(0 or 1 and 88)        # 输出 88
print(0 or( 1 and 88))      # 输出 88
```

or 的左侧为 0,继续计算其右侧,and 表达式中左侧为 1(非 0,True),继续判断右侧,右侧的值为 88,所以 and 表达式的值为 88,88 也是整个表达式的值。

为了避免引起误读,在同一个表达式中同时出现 and 和 or 时,建议用加小括号的方法明确顺序,这样可以更准确地表达逻辑顺序,同时提高程序的可读性和易维护性。

2.4.6 身份运算

身份运算符用于比较两个对象的存储单元是否相同。可用 id()函数获取对象内存地址,两个对象的内存地址如果相同,则为同一个对象;内存地址不同,则是不同对象。身份运算符的描述如表 2-8 所示。

表 2-8　　　　　　　　　　　　　身 份 运 算 符

运算符	描　　述	实　　例
is	判断两个标识符是否引用自一个对象	x is y,相当于 id(x)==id(y);如果引用的是同一个对象,就返回 True,否则返回 False
is not	判断两个标识符是否引用自不同对象	x is not y,相当于 id(x)!=id(y);如果引用的不是同一个对象,就返回 True,否则返回 False

【例 2-3】 对象身份标识

Python 中同一个对象可以有多个标识,若数字 88 是一个对象,则创建这个对象后,可以通过 x、y 等多个标识符对其进行访问。语句 y=9 执行时,9 是新创建的一个对象,此时的操作相当于把 y 这个标签从 88 这个对象上取下来放到 9 这个对象上。

```
x = 88  # 为对象 88 加一个标签 x
y = 88  # 同一 Python 程序中,等值整数引用同一个对象
print(id(x), id(y))  # 输出的 x 与 y 的 id 值相同,值与系统相关
print(x is y)  # True,说明 x 与 y 是同一个对象
y = 9  # 新创建一个对象 9,加标签为 y
print(x is y)  # False,说明 x 与 y 是不同对象
print(id(x), id(y))  # 输出的 x 与 y 的 id 值不同
```

运行结果:

```
140735402733064 140735402733064
True
False
140735402733064 140735402730536
```

2.4.7 运算优先级

不同运算符的优先级别不同,在设计程序时要注意到各运算符的优先级别,程序运行时按优先级从高到低进行运算,优先级相同的运算符按自左到右的顺序进行运算,不同的运算顺序将会导致结果的不同。运算符的优先级的描述如表 2-9 所示。

表 2-9　　　　　　　　　　运算符的优先级(由高到低排列)

序 号	运 算 符	描 述
1	()、[]、{}	括号表达式,元组、列表、字典、集合显示
2	x[i],x[m:n]	索引、切片
3	**	幂运算
4	~	按位翻转
5	+x,-x	正、负
6	*、/、//、%	乘法、除法、整除与取模
7	+、-	加法与减法
8	<<、>>	移位

续 表

序 号	运 算 符	描 述
9	&	按位与
10	^	按位异或
11	|	按位或
12	in、not in、<、<=、>、>=、!=、==、is、is not	成员运算、比较运算、身份运算和标识符测试
13	not x	逻辑非
14	and	逻辑与运算符
15	or	逻辑或运算符
16	if-else	条件表达式
17	lambda	lambda 表达式
18	:=	赋值表达式、海象运算符

例如：

```
print(4 * 2 ** 3)      # 先幂运算 2 ** 3 得 8,再计算乘法 4* 8,输出:32
print(3+ 4* -2)        # 2 先取反、与 4 相乘得-8,再做加法 3+(-8),输出:-5
print(3+ 4* 2/2)       # 先计算乘除法,除法运算结果为浮点数,输出:7.0
print(3<< 2 + 1)       # 加法优先级高,先 2+1=3(二进制为 11)左移 3 位变成 24
                         (11000)
```

进行程序设计时,因为括号的优先级最高,所以可以强制表达式按照需要的顺序求值。利用这个特点,大部分情况下可以通过加入小括号"()"的方法来使弱优先级的运算优先执行。加了括号,无须比较哪个优先级更高,使程序和表达式更加易于阅读和维护。

2.4.8 常用数学运算函数

下面给出几个常用函数 Python 功能描述与示例。

(1) abs(x)。返回 x 的绝对值,x 可以是整数或浮点数,当 x 为复数时返回复数的模。

```
print(abs(-6))        # 返回整数绝对值,输出 6
print(abs(-6.89))     # 返回实数绝对值,输出 6.89
print(abs(6+ 8j))     # 计算复数的模,输出 10.0
```

(2) divmod(a,b)。相当于(a//b,a%b),以元组形式返回整数商和余数。

```
print(divmod(22, 5))  # 以元组形式返回整数商和余数,输出(4,2)
```

(3) pow(x,y[,z])。返回 x 的 y 次幂,当 z 存在时,返回 x 的 y 次幂计算结果再对 z 取余。

```
print(pow(3, 5))      #  计算 3* * 5,输出 243
print(pow(3, 5, 7))   #  3* * 5% 7 输出 5
```

(4) round(number[,n])。返回浮点数 number 保留 n 位小数的形式,n 为整型,默认值是 0。当省略参数 n,返回最接近输入数字的整数。Python 中采用的末位取舍算法为:"四舍六入五考虑,五后非零就进一,五后为零看五前位,前位大于五进一,前位不大于五不进一"。

```
print(round(6.2835))       #  6,返回最接近输入数字的整数
print(round(- 6.2835))     #  - 6,返回最接近输入数字的整数
print(round(6.5835))       #  7,返回最接近输入数字的整数
print(round(6.2850001, 2)) #  6.29,五后非零就进一
print(round(6.285, 2))     #  6.29,五前为> 5 要进一
print(round(6.225, 2))     #  6.22,五前< = 5 应舍去
print(round(6.275, 2))     #  6.28,五前> 5 要进一
print(round(6.215, 2))     #  6.21,五前< = 5 应舍去
print(round(6.255, 2))     #  6.21,五前< = 5 应舍去
```

绝大多数浮点数无法精确转换为二进制,会导致部分数字取舍与期望不符。

```
print(round(6.5125,3))  # 期望输出 6.512,实际输出 6.513
n 值必须是整型数字,当 n 为浮点数时,会触发 TypeError。
print ( round ( 6.8, 3.0))     #  TypeError: ' float ' object cannot be
                                   interpreted as an integer
```

(5) max(arg1,arg2,…)和 max(iterable)。从多个参数或一个可迭代对象中返回其最大值,有多个最大值时返回第一个。

```
print(max(99, 123, 5678))    #  99、123、5678 这三个整数对象中 5678 最大
print(max([56, 147, 66]))    #  列表[56,147,66]是可迭代对象,最大值是 147
```

(6) min(arg1,arg2,…)和 min(iterable)。从多个参数或一个可迭代对象中返回其最小值,有多个最小值时返回第一个。

```
print(min(99, 123, 5678))    #  99、123、5678 这三个整数对象中 99 最小
print(min([56, 147, 66]))    #  列表[56,147,66]是可迭代对象,最小值是 56
```

2.5　math 模块

在 Python 程序中，每个.py 文件都可以被视为一个模块。而且 Python 中的模块可分为三类，分别是内置模块、第三方模块和自定义模块。

内置模块：在安装 Python 之后自带的模块，可以直接使用，比如 time,os,re,random&hellip,&hellip。

第三方模块：不是 Python 自带的，是需要从外部安装到 Python 里面的，比如 pygame,requests&hellip,&hellip 等。安装命令如下所示：

```
pip install 模块名/库名
```

自定义模块：顾名思义也就是自己去做的模块，然后自己使用。

当 Python 文件作为一个模块的时候，文件名就是模块名——demo.py,demo 就是模块名。编程时可以调用其他模块的代码、功能，添加各种效果。

在 Python 中导入模块有四种方法。

(1) 导入整个模块

语法格式：

```
import module_name
```

比如，要使用模块 math，就可以在文件最开始的地方用 import math 来导入。

```
>>> import math
>>> math.sqrt(9)    # 平方根
3.0
```

(2) 从模块导入特定内容

如果我们只是从一个模块中导入指定的部分内容，就可以使用 from … import 语句。语法格式：

```
from module_name import name
```

比如，我们从 math 导入 pi,math 中的其他函数不能使用。

```
>>> from math import pi
>>> pi
3.141592653589793
>>> math.sqrt(9)
```

```
Traceback (most recent call last):
File "< pyshell# 2> ", line 1, in < module>
  math.sqrt(9)
NameError: name 'math' is not defined
```

(3) 导入模块内容并重命名

在 Python 两个不同的模块中可能存在同名的函数,为了避免名称冲突,需要对导入的内容重命名。

```
>>> from math import sqrt
>>> from cmath import sqrt
>>> sqrt(9)
(3+ 0j)
```

我们从 math、cmath 导入了 sqrt,最终起作用的是最后导入的内容。为了解决这个问题,我们可以在导入模块时使用以下语法进行重命名。

```
>>> from math import sqrt
>>> from cmath import sqrt as csqrt
>>> sqrt(9)
3.0
>>> csqrt(9)
(3+ 0j)
```

(4) 以其他名称导入模块

可以在导入整个模块时重命名模块名称。

```
>>> import math as m
>>> m.sqrt(9)
3.0
```

通过缩短模块名称来避免名称冲突,简化代码书写。

虽然有多种导入模块的方法,但是建议导入整个模块,以避免歧义。如果需要重命名,就应该使用更具描述性的名称。

math 库(模块)是 python 提供的内置数学类函数库,一共提供了 4 个数字常数、16 个数值表示函数、8 个幂对数函数、16 个三角对数函数和 4 个高等特殊函数。math 库不支持复数类型,仅支持整数和浮点数运算。

本章仅介绍函数中的 pi 和 e;数值函数中的 fabs(),fsum(),factorial();幂函数中的 power(),pow(),exp(),sqrt();三角函数中的 sin(),cos(),tan()。其他函数在需要时通过查

文档来了解其用法即可。下面对部分常用的函数进行简单介绍。

(1) 数字常数

```
import math        # 导入标准库math
print(math.pi)     # 圆周率,值为3.141592653589793
print(math.e)      # 自然对数,值为2.718281828459045
print(math.inf)    # 正无穷大,负无穷大为- math.inf
print(math.nan)    # 非浮点数标记,NAN(Not a Number)
```

(2) 数值表示函数

```
import math                        # 导入标准库math
print(math.fmod(5,3))              # 2.0   math.fmod(x,y)返回x与y的模
print(math.fsum([3,4,2,5.3]))      # 14.3   math.fsum([x,y,...])浮点数精确求和
print(math.fabs(- 999))            # 999.0   math.fabs(x)返回x的绝对值
print(math.ceil(2.5) )             # 3   math.ceil(x)向上取整,返回不小于x的最
                                   #     小整数
print(math.floor(2.7))             # 2   math.floor(x)向下取整,返回不大于x的最
                                   #     大整数
print(math.factorial(7))           # 5040 返回x的阶乘,如果x是小数或负数,返回
                                   #     ValueError math.factorial(x)
print(math.gcd(12, 8))             # 4   math.gcd(a,b)返回a与b的最大公约数
print(math.modf(6.7))              #     math.modf(x)返回x的小数和整数部分
print(math.trunc(- 78.3))          # - 78   math.trunc(x)返回x的整数部分
print(math.copysign(78,- 5))       # - 78.0 用数值y的正负号替换数值x的正负号
                                   #     默认返回小数点后一位 math.copysign(x,y)
print(math.isclose(15, 15.1))      # 比较a和b的相似性,返回True或False math.
                                   #     isclose(a, b)
```

(3) 幂对数函数

```
import math                # 导入标准库math
print(math.pow(3, 4))      # 81.0 math.pow(x, y)返回x的y次幂
print(math.exp(3))         # 返回e的x次幂,e是自然对数 math.exp(x)
print(math.expm1(3))       # 返回e的x次幂减1 math.expm1(x)
print(math.sqrt(3))        # 1.7320508075688772 返回x的平方根 math.sqrt(x)
print(math.log(9,9))       # 返回x的对数值,只输入x时,返回自然对数,即lnx
print(math.log2(8))        # 3.0 math.log2(x)返回x以2为底的对数
print(math.log10(1000))    # 3.0 math.log10(x)返回x以10为底的对数
```

（4）三角运算函数

```
import math                  # 导入标准库 math
print(math.degrees(1))       # 角度 x 的弧度值转角度值 math.degrees(x)
print(math.radians(math.pi)) # 角度 x 的角度值转弧度值 math.radians(x)
print(math.hypot(1,1))       # 返回(x,y)坐标点到原点(0,0)的距离 math.hypot
                             #  (x,y)
print(math.sin(0))           # 返回 x 的正弦函数值,x 是弧度值 math.sin(x)
print(math.cos(math.pi))     # 返回 x 的余弦函数值,x 是弧度值 math.cos(x)
print(math.tan(math.pi))     # 返回 x 的正切函数值,x 是弧度值 math.tan(x)
print(math.asin(1))          # 返回 x 的反正弦函数值,x 是弧度值 math.asin(x)
print(math.acos(1))          # 返回 x 的反余弦函数值,x 是弧度值 math.acos(x)
print(math.atan(1))          # 返回 x 的反正切函数值,x 是弧度值 math.atan(x)
print(math.atan2(1,2))       # 返回 y/x 的反正切函数值,x 是弧度值 math.atan2(y,
                             #  x)
print(math.sinh(math.pi))    # 返回 x 的双曲正弦函数值,x 是弧度值 math.sinh(x)
print(math.cosh(math.pi))    # 返回 x 的双曲余弦函数值,x 是弧度值 math.cosh(x)
print(math.tanh(math.pi))    # 返回 x 的双曲正切函数值,x 是弧度值 math.tanh(x)
print(math.atanh(0.999))     # 返回 x 的反双曲正切函数值,x 是弧度值 math.
                             #  atanh(x)
print(math.asinh(0.99))      # 返回 x 的反双曲正弦函数值,x 是弧度值 math.
                             #  asinh(x)
print(math.acosh(1))         # 返回 x 的反双曲余弦函数值,x 是弧度值 math.
                             #  acosh(x)
```

【例 2-4】 编写程序,输入球的半径,计算球的表面积和体积,半径为实数,结果输出为浮点数,保留 2 位小数。

```
import math

radius = float(input("请输入球的半径:"))

area = 4 * math.pi * radius ** 2
volume = (4 / 3) * math.pi * radius ** 3

print("球表面积为:", round( area,2), "平方单位")
print("球体积为:", round( volume, 2), "立方单位")
```

【例 2-5】 根据下面公式计算并输出 x 的值,a 和 b 的值由用户在两行中输入,括号里的数字是角度值,要求圆周率的值使用数学常数 math.pi,三角函数的值用 math 库中对应的函数进行计算。请编程计算并输出表达式的值：$x = 2a^2 - \dfrac{-b * \sqrt{2a - \sin(60°) \cdot \cos(60°)}}{2a}$。

```
import math

a = float(input("请输入 a 的值:"))
b = float(input("请输入 b 的值:"))
x = 2 * math.pow(a, 2) - (- b * math.sqrt(2 * a- math.sin(60 * math.pi / 180) * \
    math.cos(60 * math.pi / 180))/(2* a)
print("x 的值为： ", x)
```

注意：在计算 sin 和 cos 函数时，需要将角度值转换为弧度值。

【例 2-6】 物体从 100 m 的高空自由落下，编写程序计算并输出它到达地面所需的时间和它在前 3s 内下落的垂直距离。不计空气阻力，设重力加速度为 9.8 m/s²，计算结果保留 3 位小数。

分析：物体自由落下的时间可以用公式 $t = \text{sqrt}(2h/g)$ 计算，其中 h 为高度，g 为重力加速度。在本题中，$h=100$ m，$g=9.8$ m/s²。因此，时间 $t = \text{sqrt}(2\times100/9.8) \approx 10.3$ s。在前 3 s 内下落的距离可以用公式 $S = (1/2)gt^2 + v_0 t$，因为物体是自由落下的，所以初速度 v_0 为 0。

```
# 输入物体从高空落下的高度和重力加速度
height = float(input("请输入物体从高空落下的高度:"))
g = 9.8         # 重力加速度

# 计算物体到达地面所需的时间
time = math.sqrt(2 * height / g)

# 计算物体在前 3 秒内下落的垂直距离
distance = (1 / 2) * g * 3* * 2

# 输出结果,保留小数点后 3 位
print("物体到达地面所需的时间为:", round(time, 3), "秒")
print("物体在前 3 秒内下落的距离约为:", round(distance, 3), "米")
```

本章小结

本章主要介绍了数值类型的概念、数值类型转换、数学运算、常用数学函数和 math 库的应用，主要内容如下。

（1）Python 中所有数据都被称为对象,每个对象具有类型、身份标识和值这三个属性,还可以具有名字(变量)。每个对象可有多个名字,每个名字只对应一个变量,变量必须依附于对象存在,首次出现一定是在赋值符号左边。

（2）变量的命名以字母开头,可用字母、数字和下划线,关键字不能用作函数名,应尽量使用有意义的单词和单词的组合作为变量名,建议不要用系统函数名作为变量名。

（3）数字,包括 0、正数和负数以及分别由 0b、0o、0x 引导的二进制、八进制和十六进制整数。整数大小没有限制,可精确表示任意大的数。十进制表示的浮点数由整数部分、小数点与小数部分组成,用科学记数法表示时,指数部分必须为整数。

（4）int()函数将浮点数或整数类型字符串转换为一个整数。float()将整数或浮点数类型字符串转换为一个浮点数。eval()将数值型的字符串对象或表达式转换为可计算对象。

（5）Python 内置数值运算操作符：+、-、*、/、//、%和 **,分别对应加、减、乘、除、整除、取模和幂运算。幂运算的优先级最高,计算时可用括号改变计算顺序。

（6）Python 内置了一系列与数字运算相关的函数,这些函数可以直接使用,math 库中提供了更丰富的数学相关函数,可以用"import math"将 math 库导入后调用其中的函数。

本章练习

（1）编写程序,输入两个数字 a 和 b,计算并输出这两个数的和、差、积、商。

（2）编写程序,输入一个数字作为圆的半径,计算并输出这个圆的面积。

（3）编写程序,计算底半径为 5 cm,高 10 cm 的圆柱体的表面积和体积,输出保留小数点后 2 位数字。

（4）用户输入用逗号分隔的三个数字,输出其中数值最大的一个。

（5）用户输入用逗号分隔的多个数字,输出其中数值最小的一个的绝对值。

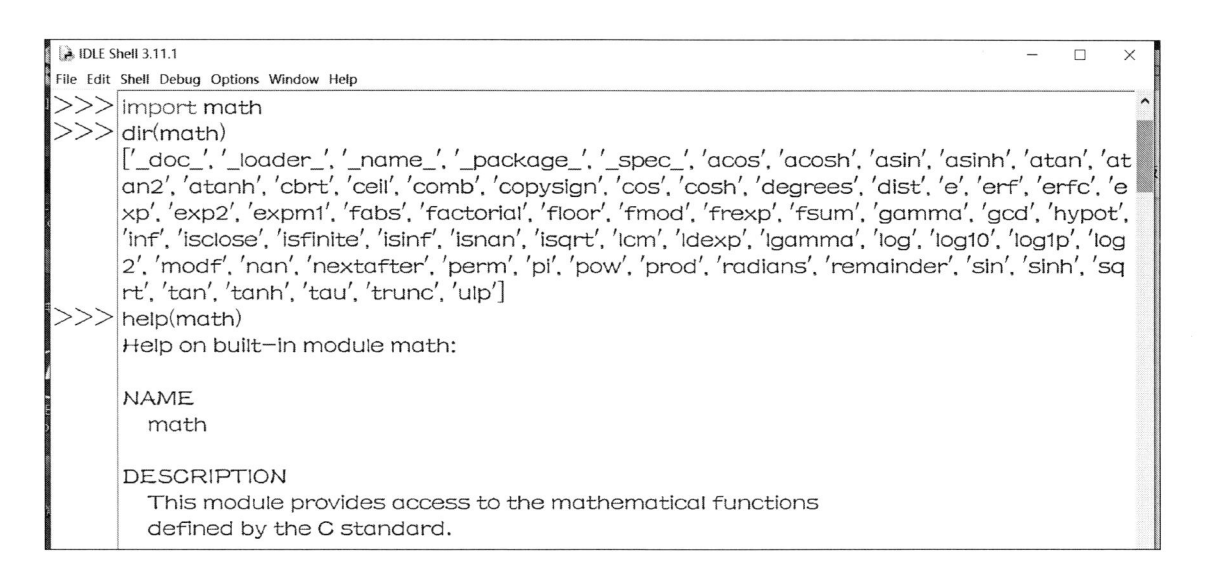

```
IDLE Shell 3.11.1
File Edit Shell Debug Options Window Help
>>> import math
>>> dir(math)
['__doc__', '__loader__', '__name__', '__package__', '__spec__', 'acos', 'acosh', 'asin', 'asinh', 'atan', 'atan2', 'atanh', 'cbrt', 'ceil', 'comb', 'copysign', 'cos', 'cosh', 'degrees', 'dist', 'e', 'erf', 'erfc', 'exp', 'exp2', 'expm1', 'fabs', 'factorial', 'floor', 'fmod', 'frexp', 'fsum', 'gamma', 'gcd', 'hypot', 'inf', 'isclose', 'isfinite', 'isinf', 'isnan', 'isqrt', 'lcm', 'ldexp', 'lgamma', 'log', 'log10', 'log1p', 'log2', 'modf', 'nan', 'nextafter', 'perm', 'pi', 'pow', 'prod', 'radians', 'remainder', 'sin', 'sinh', 'sqrt', 'tan', 'tanh', 'tau', 'trunc', 'ulp']
>>> help(math)
Help on built-in module math:

NAME
    math

DESCRIPTION
    This module provides access to the mathematical functions
    defined by the C standard.
```

（6）先导入 math 模块,再查看该模块的帮助信息,具体语句如下：

```
>>> import math
>>> dir(math)
>>> help(math)
```

（7）在 Python 提示符下，输入以下语句，语句执行结果说明了什么？

```
>>> x= 12
>>> y= x
>>> id(x),id(y)
```

（8）已知 x=12，y=10^(-5)，求下列表达式的值：

① $1+\dfrac{x}{3!}-\dfrac{y}{5!}$

② $\dfrac{2\ln|x-y|}{e^{x+y}-\tan y}$

③ $\dfrac{\sin x+\cos y}{x^2+y^2}+\dfrac{x^y}{xy}$

④ $e^{\frac{\pi}{2}x}+\dfrac{\lg|x-y|}{x+y}$

提示：
import math

x = 12
y = 10 * * (- 5)
print(1 + x / math.factorial(3) + y / math.factorial(5))

y = math.pow(10, (- 5))
print(2 * math.log(math.fabs(x - y)) / (math.pow(math.e, (x + y)) - math.tan(y)))
x = 12
y = 10 * * (- 5)

print((math.sin(x) + math.cos(y)) / (pow(x, 2) + pow(y, 2)) + (pow(x, y) / x * y))
print(pow(math.e, (math.pi / 2) * x) + (math.log10(math.fabs(x - y))) / (x + y))

第 3 章 Python 程序控制结构

学习目标

熟练掌握选择结构的语法及应用。
熟练掌握循环结构的语法及应用。
熟练掌握异常处理结构的语法及应用。

Python 提供的控制结构有顺序结构、选择结构和循环结构三种。当程序出错时,Python 使用异常处理流程进行处理。顺序结构是最基本的执行流程,也是默认的程序执行流程,即在一个没有其他控制结构的程序中,语句的执行顺序为从第一条语句依次执行到最后一条语句;选择结构是程序的执行流程分为多条路径,程序运行时会根据条件判断执行哪一条路径下面的程序代码;循环结构多用于在满足条件时反复执行某项任务,每次循环过后,循环主体变量会发生变化,程序会根据循环条件判断是否继续执行循环语句。

3.1 顺 序 结 构

顺序结构是构成程序的主要结构,Python 中描述顺序结构的语句包括输入语句、计算语句和输出语句三种。若程序中的语句按各语句出现位置的先后次序执行,则称之为顺序结构,参见图 3-1。先执行语句块 1,再执行语句块 2,最后执行语句块 3,三个语句块之间是顺序执行关系。

【例 3-1】 顺序结构示例(area.py):

输入三角形三条边的边长(为简单起见,假设这三条边可以构成三角形),利用海伦公式计算三角形的面积。

提示:计算三角形面积的海伦公式为 $s=\sqrt{s*(s-a)*(s-b)*(s-c)}$
其中,a、b、c 是三角形三边的边长,h 是三角形周长的一半。

程序如下:

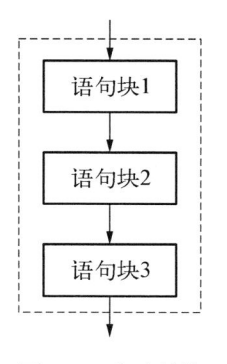

图 3-1 顺序结构

```
import math
```

```
# 获取三角形的三条边长
a = float(input("请输入三角形的第一条边长:"))
b = float(input("请输入三角形的第二条边长:"))
c = float(input("请输入三角形的第三条边长:"))

# 计算半周长
s = (a + b + c) / 2

# 使用海伦公式计算面积
area = math.sqrt(s * (s - a) * (s - b) * (s - c))

# 输出结果
print("三角形的面积为:", area)
```

运行程序:
请输入三角形的第一条边长::3
请输入三角形的第二条边长::4
请输入三角形的第三条边长::5
三角形的面积为:6.0

3.2 选择结构

选择结构分为单分支结构、双分支结构、多分支结构以及嵌套结构,根据不同条件来决定是否执行某些特定的代码。

3.2.1 单分支选择结构

单分支选择结构是用来描述只有一个条件来决定程序是否执行。语法格式如下。

```
if 条件表达式:
    语句/语句块
```

在这个语法中,if 是关键字,条件表达式是必有项,为一个逻辑表达式或者其值可以转换为逻辑值的其他类型表达式。语句块由一条或多条语句组成,如果是多条语句,则使用回车进行语句分隔,代表当条件表达式为真时要执行的程序内容,语句块与 if 的语法缩进标准为 4 个字符,条件表达式后面的":"是必需的。

单分支选择结构语句执行流程如图 3-2 所示。如果条件表达式值为 True,就执行语句块内容,为 False 就不执行语句块中的任何内容,跳过语句块继续执行下一条语句。其中:

(1) 条件表达式：可以是关系表达式、逻辑表达式、算术表达式等。

(2) 语句/语句块：可以是单个语句，也可以是多个语句。多个语句的缩进必须一致。

当条件表达式的值为真(True)时，执行 if 后的语句(块)，否则不做任何操作，控制将转到 if 语句的结束点。

条件表达式可以是任意表达式，其最后评价结果为 bool 值 True(真)或 False(假)。如果表达式的结果为数值类型(0)、空字符串("")、空元组(())、空列表([])、空字典({})，其 bool 值就为 False(假)；否则其 bool 值就为 True(真)。例如，123、"abc"、(1,2)均为 True。

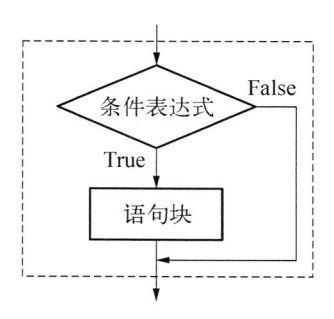

图 3-2　单分支选择结构

【例 3-2】 单分支结构示例(if_2desc.py)：

输入两个整数 x 和 y，比较两者大小，使得 x 大于 y。

```
x = int(input("请输入第一个整数："))
y = int(input("请输入第二个整数："))

if x < y:
    x, y = y, x             #   x< y,则交换 x、y 的值,使得 x> = y
print("现在 x 的值是： ", x)
print("现在 y 的值是： ", y)
```

运行程序：

```
请输入第一个整数：55
请输入第二个整数：66
x 的值是： 66
y 的值是： 55
```

【例 3-3】 根据输入数值判断，如果输入的是奇数则输出该奇数。

```
# 获取用户输入
num = int(input("请输入一个整数："))

# 判断输入的数是奇数则输出该奇数
if num % 2 ! = 0:
    print("输入的数是奇数,值为:", num)
```

3.2.2　双分支选择结构

双分支选择结构也是描述只有一个条件的情况，与单分支选择结构不同的是，其程序的执行流程包含当条件表达式为 False 时要执行的语句内容。

if 语句双分支结构的语法形式如下。

```
if(条件表达式):
    语句块 1
else:
    语句块 2
```

当条件表达式的值为真(True)时,执行 if 后的语句块 1,否则执行 else 后的语句块 2,其流程如图 3-3 所示。

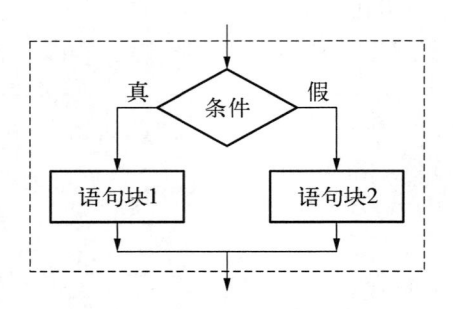

图 3-3 双分支选择结构

Python 提供了下列条件表达式来实现等价于其他语言的三元条件运算符[(条件)? 语句 1：语句 2]的功能：

条件为真时的值 if（条件表达式）else 条件为假时的值

例如,如果 x>0,则 y=x,否则 y=0,可以表述为：

```
y = x if(x> = 0) else 0
```

【例 3-4】 根据输入数值判断,如果输入的是奇数则打印"您输入的数是奇数",否则打印"您输入的数是偶数",同时无论奇偶,都将该数显示出来。

```
# 获取用户输入
num = int(input("请输入一个整数："))

# 判断输入的数是奇数还是偶数
if num % 2 ! = 0:
    print("输入的数是奇数,值为:", num)
else:
    print("输入的数是偶数,值为:", num)
```

程序运行如下：

运行 1：	运行 2：
请输入一个整数：55	请输入一个整数：78
输入的数是奇数,值为：55	输入的数是偶数,值为：78

【例 3-5】 计算分段函数：$y=\begin{cases}\ln(-5x)-\sqrt{x^2+8x}+(x+1)^3 & (x<0)\\ \sin x+2\sqrt{x+e^4} & (x\geqslant 0)\end{cases}$

此分段函数有以下几种实现方式,请读者自行编程测试。
(1) 利用单分支结构实现。

```
if (x> = 0):
    y= math.sin(x) + 2 * math.sqrt(x + math.exp(4))
if (x< 0):
    y= math.log(- 5 * x) - math.sqrt(x * x+ 8 * x)+ math.pow(x + 1, 3)
```

(2) 利用双分支结构实现。

```
if(x> = 0):
    y= math.sin(x) + 2 * math.sqrt(x + math.exp(4))
else:
    y= math.log(- 5 * x) - math.sqrt(x * x+ 8 * x)+ math.pow(x + 1, 3)
```

3.2.3 多分支结构

if 语句多分支结构的语法形式如下。

```
if(条件表达式 1):
    语句块 1
elif(条件表达式 2):
    语句块 2
...
elif(条件表达式 n):
    语句块 n
[else:
    语句块 n+ 1;]
```

if…elif…else 语句将整个区间分为若干个区间,当满足其中某一个区间的条件时,一定不会再满足后续的其他条件,程序即终止判定.其流程如图 3-4 所示。

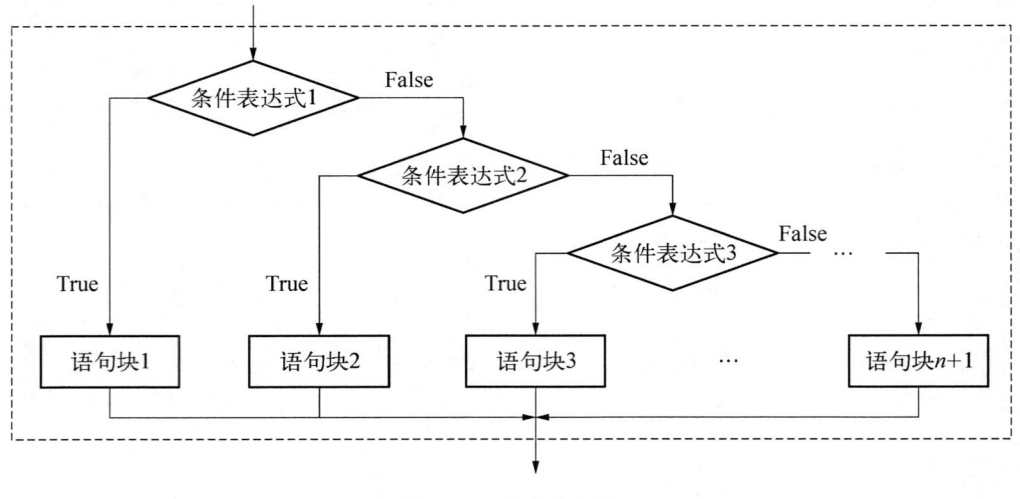

图3-4 多分支结构

【例3-6】 已知某课程的百分制分数 score，将其转换为五级制（优、良、中、及格、不及格）的评定等级输出。评定条件如下：

$$成绩等级 = \begin{cases} 优 & mark \geqslant 90 \\ 良 & 80 \leqslant mark < 90 \\ 中 & 70 \leqslant mark < 80 \\ 及格 & 60 \leqslant mark < 70 \\ 不及格 & mark < 60 \end{cases}$$

根据评定条件，有以下4种不同的方法实现（假定每次输入分数都是大于等于0且小于等于100）。

方法一：	方法二：
| ```python
# 获取用户输入的分数
score= float(input("请输入分数:"))

# 通过条件语句判断并输出等级
if (0> score or score> 100):
    print("输入数据不正确!!")
elif (score > = 90):
    print("优")
elif (score > = 80):
    print("良")
elif (score > = 70):
    print("中")
elif (score > = 60):
``` | ```python
# 获取用户输入的分数
score = float(input("请输入分数:"))

# 通过条件语句判断并输出等级
if (0 > score or score > 100):
    print("输入数据不正确!!")
elif (score < 60):
    print("不及格")
elif (score < 70):
    print("及格")
elif (score < 80):
    print("中")
elif (score < 90):
``` |

| `    print("及格")`
`else:`
`    print("不及格")` | `        print("良")`
`    else:`
`        print("优")` |

其中,方法一中使用关系运算符">=",按分数从大到小依次比较;方法二使用关系运算符"<",按分数从小到大依次比较,两种方法都正确。

【例 3-7】 编程：输入坐标点(x,y),判断其所在的象限。

```
x = float(input("请输入 x 坐标:"))
y = float(input("请输入 y 坐标:"))

if (x == 0 and y == 0):
    print("位于原点")
elif (x == 0):
    print("位于 y 轴")
elif (y == 0):
    print("位于 x 轴")
elif (x > 0 and y > 0):
    print("位于第一象限")
elif (x < 0 and y > 0):
    print("位于第二象限")
elif (x < 0 and y < 0):
    print("位于第三象限")
else:
    print("位于第四象限")
```

3.2.4 嵌套选择结构

现实中往往存在着条件中又带有条件、决策判断中又有决策判断的情况,Python 提供了嵌套选择结构来描述此种情况,前面介绍的多分支选择结构可以理解为简单的嵌套选择。嵌套选择结构的语法格式如下句的嵌套:

在 if 语句中又包含一个或多个 if 语句称为 if 语句的嵌套。一般形式如下。

```
if (条件表达式 1):
    if(条件表达式 11):      ⎫
        语句 1              ⎬ 内嵌 if
    [else:                  ⎪
        语句 2]             ⎭
```

```
[else:
    if(条件表达式 21):
        语句 3
    [else:
        语句 4]]
```
}内嵌 if

【例3-8】 计算分段函数：$y = \begin{cases} 1 & x > 0 \\ 0 & x = 0 \\ -1 & x < 0 \end{cases}$

此分段函数有以下几种实现方式，请读者判断哪些是正确的，并自行编程测试正确的实现方式。

#方法一（多分支结构）：
`if (x > 0):`
　　`y= 1`
`elif (x == 0):`
　　`y= 0`
`else:`
　　`y= -1`
	#方法二（if 语句嵌套结构）：
	`if(x>= 0):`
	　　`if (x > 0):`
	　　　　`y= 1`
	　　`else:`
	　　　　`y= 0`
	`else:`
	　　`y= -1`

#方法三：
`y= 1`　　　　# 此句已假定 x>0 的情形
`if(x!= 0):`　　　　# 即 x>0 或 x<0
　　`if (x< 0):`
　　　　`y= -1`
　　`else:`　　　　# x= 0 的情形
　　　　`y= 0`
	#方法四：
	`y= 1`
	`if(x!= 0):`　　　　# x>0 或 x<0
	　　`if (x< 0):`
	　　　　`y= -1`
	　　`else:`　　　　# 此时是 x>0 的情形
	　　　　`y= 0`

请读者进行分析测试。其中，方法一、方法二和方法三是正确的，而方法四是错误的。

3.2.5 条件表达式

在 Python 中，二分支结构的程序可以用条件表达式语句表述（也被称为条件运算符，或者三元运算符）。所谓"条件表达式"，是一条完成一个二分支结构的程序语句。语法格式如下：

```
<expr1> if <condition>  else  <expr2>
```

首先会求<conditon>的值，如果为 True，则表达式返回值为<expr1>；否则，表达式返回值为<expr2>。

录入两个数，比较两个数的大小，可用以下代码实现。

```
'''从键盘录入两个数,比较两个数的大小'''

a= float(input('请输入第一个数:'))
b= float(input('请输入第二个数:'))

# 比较大小- - 条件语句写法
if a> b:
    print(a,'大于',b)
else:
    print(a,'小于等于',b)

# 条件表达式写法
print('使用条件表达式')
print( str(a)+ '大于'+ str(b) if a> b  else  str(a)+ '小于等于'+ str(b) )
```

用条件表达式实现输出两个数中较大值的编程如下:

```
a = float(input("请输入第一个数:"))
b = float(input("请输入第二个数:"))

max_value = a if a > b else b

print("较大值是:", max_value)
```

用条件表达式也可以实现进入系统时验证用户名:

```
user = input("输入用户名:")
print("用户名正确") if user = = '888' else print("用户名错误")
```

3.2.6 选择结构综合举例

【例 3-9】 编程:输入三个数,按从大到小的顺序排序。

比较 x 和 y,使得 $x \geq y$;然后比较 x 和 z,使得 $x \geq z$,此时 x 最大;最后 y 和 z 比较,使得 $y > z$。

```
x = float(input("请输入第一个数:"))
y = float(input("请输入第二个数:"))
z = float(input("请输入第三个数:"))
if (x <  y):
```

```
        x, y = y, x    #  x和y交换,使得x> = y
if (x <  z):
        x, z = z, x    #  x和z交换,使得x> = z
if (y <  z):
        y, z = z, y    #  y和z交换,使得y> =z
print("排序结果(降序):", x, y, z)
```

程序运行:

```
请输入第一个数:89.5
请输入第二个数:456.78
请输入第三个数:344.88
排序结果(降序): 456.78 344.88 89.5
```

【例 3 - 10】 编程判断某一年是否为闰年。

判断闰年的条件是年份能被 4 整除但不能被 100 整除,或者能被 400 整除,其判断流程如图 3-5 所示。

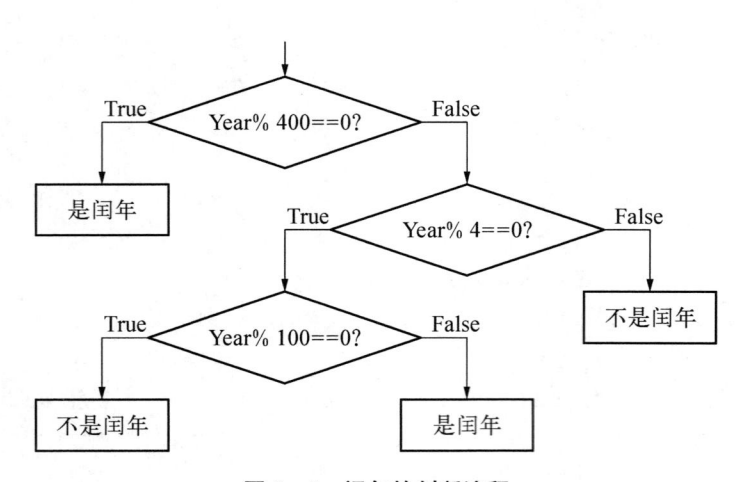

图 3-5　闰年的判断流程

```
#方法一:使用一个逻辑表达式包含所有的
闰年条件。
if ((y % 4 = = 0 and y % 100 ! = 0)
or y % 400 = = 0):
    print("是闰年")
else:
    print("不是闰年")
```

```
#方法二:使用 calendar 模块的 isleap()函
数来判断闰年。
if(calendar.isleap(y)):
    print("是闰年")
else:
    print("不是闰年")
```

```
#方法三:使用 if-elif 语句
if(y % 400 = = 0):
    print("是闰年")
elif (y % 4 ! = 0):
    print("不是闰年")
elif (y & 100 = = 0):
    print("不是闰年")
else:
    print("是闰年")
```

```
#方法四:使用嵌套的 if 语句。
if (y % 400 = = 0):
    print("是闰年")
else:
    if (y % 4 = = 0):
        if (y % 100 = = 0):
            print("不是闰年")
        else:
            print("是闰年")
    else:
        print("不是闰年")
```

3.3 循环结构

选择结构会根据条件的不同而执行不同的代码,循环结构则根据条件的真假判断是退出当前的循环,还是继续执行循环体代码。Python 中所有的合法表达式都可以作为条件表达式。

循环控制结构可以把需要重复做的工作放在一个语句块中反复执行。Python 中有以下两种循环语句:

第一种是 for 循环语句,一般用于循环次数确定的情况,或称为遍历循环。

第二种是 while 循环语句,一般用于循环次数不确定的情况。通过判断是否满足某个指定的条件来决定是否进行下一次循环,也称条件循环。

3.3.1 for 循环语句

for 循环语句可以依据可遍历结构中的子项,按它们的顺序进行迭代。这些可遍历结构包括 range()、字符串、元组、列表、集合和文件对象等可遍历(可迭代)数据类型和文件。

其基本结构如下:

```
for 循环变量 in 可遍历结构:
    语句块
```

for 循环流程如图 3-6 所示,程序执行时,从可遍历结构中逐一提取元素,赋值给循环变量,每提取一个元素就执行一次语句块中的所有语句,总的执行次数由可遍历结构中元素的个数确定。在遍历列表集合和字典等可变数据类型时,一般不可在循环中对遍历对象进行增加、删除等改变对象长度的操作,避免出现遍历不完全或循环无法正常结束等问题。

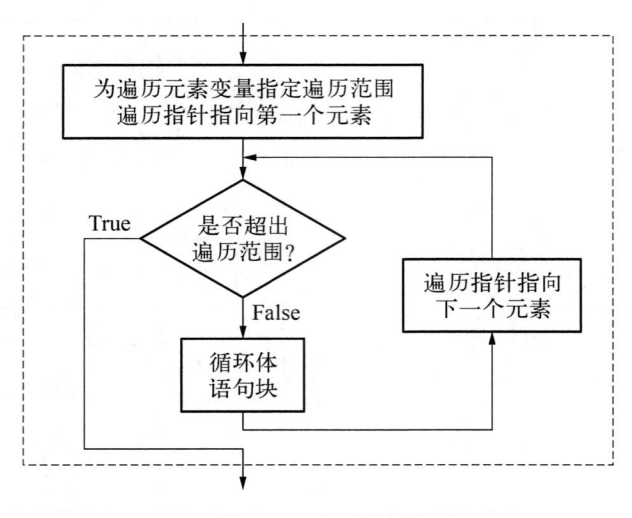

图 3-6 for 环流程

【例 3-11】 求 1~5 每个数的平方和立方。

```
for i in (1,2,3,4,5):    # 遍历元组
    print(f'{i:> 5}',f'{i* * 2:> 5}',f'{i* * 3:> 5}')    # 每个数占 5 个位置,不足前面加空格
```

或者

```
for i in '12345':    # 遍历字符串
    print(f'{int(i):> 5}',f'{int(i)* * 2:> 5}',f'{int(i)* * 3:> 5}')
# i 是字符型,int(i) 变成整型
```

或者

```
for i in [1,2,3,4,5]:    # 遍历列表
    print(f'{i:> 5}',f'{i* * 2:> 5}',f'{i* * 3:> 5}')    # 每个数占 5 个位置,不足前面加空格
```

或者

```
for i in {1,2,3,4,5}:    # 遍历集合
    print(f'{i:> 5}',f'{i* * 2:> 5}',f'{i* * 3:> 5}')    # 每个数占 5 个位置,不足前面加空格
```

或者

```
for i in range(1,6) :    # 遍历 range()
```

```
    print(f'{i:> 5}',f'{i* * 2:> 5}',f'{i* * 3:> 5}')   # 每个数占5个位
置,不足前面加空格
```

运行结果:

```
    1    1    1
    2    4    8
    3    9   27
    4   16   64
    5   25  125
```

3.3.2 range

在Python中,range是一种数据类型,表示一个不可变的等差数列(算术级数),常用于for循环语句中。在需要使用一个等差数列时,可以使用range()函数方便地获得,既可用于控制循环,又可应用于很多数学问题的求解。

```
# i普通变量名,用于控制循环次数
# range(n)可生成0到n-1的序列,i依次取值0到n-1中的数字,循环n次
for i in range(n):
    语句块
```

range()函数语法如下:

```
range([start,]stop[,step])
```

start和step是可选参数,省略时,start=0,step=1。

```
range(stop)# 0,1,2,3,4,…,stop-1,初值为0,步长为1的等差数列
range(start, stop[,step])# start, start+ step,start+ 2* step,…,步长为
step的等差数列
```

range生成的内容为r[i]=start+step*i,当step为正数时,要求i≥0且r[i]<stop;当step为负数时,要求i≥0且r[i]>stop。

range()具有以下一些特性。

(1) start、stop、step必须是整数,否则抛出TypeError异常。当stop值小于start且step值缺省或为正值时,返回的序列为空。

(2) 如果start参数省略,默认值就为0;如果step参数省略,默认值就为1;当试图设置step为0时,会抛出ValueEror异常。

(3) 当step是正整数时,产生的序列递增;当step为负整数时,产生的序列递减。

（4）range()函数产生一个左闭右开的序列，如 range(3)生成一个序列：0,1,2。

（5）range()函数产生的是可迭代对象，不是迭代器，也不是列表类型。

（6）要全部输出 range()生成的序列，可以用 print{list[range(n)]}或 print{tuple[range(n)]}的方法，将生成的序列转成列表或元组的形式输出，也可以用 print[﹡range(n)]将其内容解包输出。

（7）range 对象是不可变数据类型，可用索引、切片等操作获取其中部分数据，但不可修改其中的数据。

```
print(range(6))    # 输出 range(0,6)
print(list(range(6)))    # 输出[0,1,2,3,4,5]
print(* range(6))    # 0 1 2 3 4 5
for i in range(6):
    print(i, end= '')    # 0 1 2 3 4 5
print()
print(tuple(range(0, - 6, - 1)))    # (0,- 1,- 2,- 3,- 4,- 5)
print(list(range(1, 9)))    # [1,2,3,4,5,6,7,8]
print(list(range(0, 25, 4)))    # [0,4,8,12,16,20,24]
print(list(range(0)))    # range(0)输出[ ]
print(list(range(1, 0)))    # 步长为1,stop< start 时,输出[]
print(list(range(1, 1)))    # 步长为1,stop= start 时,输出[]
print(list(range(1, 2)))    # 步长为1,stop> start 时,输出[1]
```

range()函数经常用在 for 循环中：

```
for < variable> in range([ start,]stop[,step]):
    < 语句块>
```

variable 为循环控制变量，经常用 i，j 等表示，每次循环从 range()生成的数列中依次取一个值。首次进入循环时，变量取最小的值，即 start 值，当 start 省略时，取值为 0，后面每次循环依次取前一个值加步长 step 的值，当 step 值省略时，取前一个值加 1。

range(100 000)可以按顺序产生一组数字 0,1,2,3,4,……,99 998,99 999,但并不会一次生成这些数据并放在内存中，只有使用到其中的某个值时，range 才会产生该值，可以减少生成数据和将数据写入内存的时间，对于某些应用来讲效率会非常高。如下例所示：

```
for i in range(11111111111);    # 存储的是 range(1,11111111111)对象
    if i< 6
        print(i,end= '')  # 输出 0 1 2 3 4 5,只产生这 6 个数字
```

下面以计算等差数列和为例进行介绍：

```
num_Sum = 0    # 设定初值为 0,用于累加
for i in range(4, 12):   # range()生成序列 4,5,6,7,8,9,10,11 依次赋值给 i
    num_Sum = num_Sum + i   # 每次循环将新的 i 值加到 numberSum 上
print(num_Sum)    # 输出 num_Sum 的值 60
```

range(4,12)生成 4,5,6,7,8,9,10,11 的序列,注意,range(start,stop)生成的序列不包括右边界 stop 的值。每次循环时,变量 i 依次被赋值为序列中的一个值,加到变量 num_Sum 上以获得这些项的和。

```
num_Sum = 0    # 设定初值为 0,用于累加
for i in range(4, 16, 3):   # range()生成序列 4,7,10,13,依次赋值给 i
    num_Sum = num_Sum + i   # 每次循环将新的 i 值加到 mySum 上
print(num_Sum)    # 输出 num_Sum 的值 34
```

设定不同的 start、stop 和 step 值,可以计算任意等差数列,上面程序段中 range(4,16,3) 会生成序列 4、7、10、13,数列差值为 3。

程序中不建议用"sum"作为变量名,因其与内置函数 sum()同名,会导致当前程序无法调用内置的 sum()函数。

Python 中的变量不需要声明,变量的赋值操作即变量声明和定义的过程,在未赋值之前,变量是不存在的,所以在引用变量之前,变量必须先成为对象的名字,否则运行时会抛出错误:NameError:name 'num_Sum' is not defined.(如果变量名 num_Sum 在使用前没有定义)。

如果用于求前 n 项的积,变量 numProduct 初值就应该被赋值为 1。

```
numProduct = 1    # 设定初值为 1,用于累积
for i in range(3, 9, 2):   # range()生成序列 3,5,7 依次赋值给 i
    numProduct = numProduct * i   # 每次循环将新的 i 值乘以 numproduct
print(numProduct)    # 输出 numProduct 的值 105
```

当 range()参数的起始值 start 和步长 step 都为 1 时,程序段的功能就是计算终值 stop-1 的阶乘了。

【例 3-12】 利用 for 循环求 1~50 中所有奇数的和以及偶数的和。

要找出 1 到 50 之间所有奇数和偶数的和可以通过 for 循环来完成,逐一检查每个数字,然后将其添加到相应的和中。

定义两个变量,一个用于存储奇数的和(odd_sum),另一个用于存储偶数的和(even_sum)。使用以下逻辑:

(1) 初始化 odd_sum 和 even_sum 为 0。
(2) 使用 for 循环遍历 1 到 50 之间的所有数字。
(3) 如果数字是奇数,则将其添加到 odd_sum。
(4) 如果数字是偶数,则将其添加到 even_sum。

用数学方程,我们可以表示为:

```
odd_sum = 0 + 1 + 3 + 5 + …… + 49
even_sum = 0 + 2 + 4 + 6 + …… + 50
```

```
# 初始化奇数和与偶数和为 0
odd_sum = 0
even_sum = 0

# 使用 for 循环遍历 1 到 50 之间的所有数字
for num in range(1, 51):
    # 如果数字是奇数,则将其添加到奇数和
    if num % 2 != 0:
        odd_sum += num
    # 如果数字是偶数,则将其添加到偶数和
    else:
        even_sum += num

# 打印结果
print("奇数之和为:", odd_sum)
print("偶数之和为:", even_sum)
```

首先初始化两个变量 odd_sum 和 even_sum 为 0,分别用于存储奇数的和和偶数的和。然后,使用 for 循环遍历 1 到 50 之间的所有整数。在循环中,使用 if-else 语句来判断当前数是否为偶数,如果是偶数,则将其加到 even_sum 中,否则将其加到 odd_sum 中。最后,打印出 1~50 中所有奇数的和和偶数的和。

【例 3-13】 编程显示 Fibonacci 数列的前 20 项,要求每行显示 4 项。

$$即 \begin{cases} F_1 = 1 & n = 1 \\ F_2 = 1 & n = 2 \\ F_n = F_{n-1} + F_{n-2} & n \geqslant 3 \end{cases}$$

Fibonacci 数列:1、1、2、3、5、8、13……,其规律为从第三项开始,每一项都等于其前两项的和。

方法一:

```
# 初始化数列的前两个数
a, b = 1, 1

# 生成并打印数列的前 20 个数,每行 4 个
for i in range(1,21):
    print(f'{a:6}', end=' ')   # 每次输出一个数
    if i % 4 == 0:
        print()   # 换行
    a, b = b, a+b   # 计算下一位数
```

方法二：

```
# 初始化数列的前两个数
f1,f2 = 1,1

# 生成并打印数列的前 20 个数,每行 4 个
for i in range(1, 11):    # i= 1～10 循环
    print(f"{f1:6}{f2:6}", end= " ")    # 每次输出两个数,每个数占 6 位,空格分隔
    if i % 2 == 0:
        print()    # 显示 4 项后换行
    f1 += f2;    f2 += f1    # 计算下两个数
```

运行结果：

```
    1     1     2     3
    5     8    13    21
   34    55    89   144
  233   377   610   987
 1597  2584  4181  6765
```

3.3.3 while 循环语句

for 循环语句一般用于循环次数确定时。但有些情况无法确定程序应该执行多少次，这时用 while 循环语句就比较方便，while 循环语句可以根据给定条件决定循环零次或多次。while 循环语句的语法如下：

```
while (条件表达式):
    循环体语句/语句块
```

while 循环的执行流程如图 3-7 所示。

说明：

(1) while 循环语句的执行过程如下。

① 计算条件表达式。

② 如果条件表达式结果为 True，控制就进入循环体，当到达循环体的结束点时控制转到 while 语句的开始，继续循环。

③ 如果条件表达式结果为 False，就退出 while 循环，即控制转到 while 循环语句的后继语句。

(2) 条件表达式是每次进入循环之前进行判断的条件，可以为关系表达式或逻辑表达式，其运算结果为 True(真)或 False(假)。条件表达式中必须包含控制循环的变量。

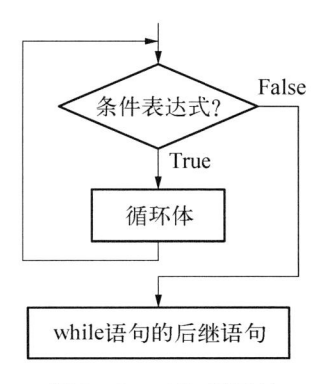

图 3-7 while 循环的执行流程

(3) 循环体中至少应包含改变循环条件的语句,以使循环趋于结束,避免"死循环"。

【例 3-14】 使用 while 循环和 if-else 语句来求 1~20 中所有奇数的积、偶数的积、所有数的积。

```python
# 初始化变量
num = 1
odd_product = 1
even_product = 1
total_product = 1

# 使用while循环遍历1到20之间的所有数字
while num <= 20:
    # 如果数字是奇数,则将其乘到奇数的积上
    if num % 2 != 0:
        odd_product *= num
    # 如果数字是偶数,则将其乘到偶数的积上
    else:
        even_product *= num
    # 无论如何都将数字乘到所有数的积上
    total_product *= num
    # 增加数字
    num += 1

# 打印结果
print("奇数之积为:", odd_product)
print("偶数之积为:", even_product)
print("所有数之积为:", total_product)
```

这段代码首先初始化了四个变量 num、odd_product、even_product 和 total_product。然后,它使用了一个 while 循环来遍历 1 到 20 之间的所有数字。在循环中,它使用 if-else 语句来判断当前的数字是奇数还是偶数,如果是奇数则将其乘到 odd_product 上,如果是偶数则将其乘到 even_product 上。无论如何,都将当前的数字乘到 total_product 上。最后,打印出三个积。

```
奇数之积为: 654729075
偶数之积为: 3715891200
所有数之积为: 2432902008176640000
```

【例 3-15】 输入两个正整数,输出这两个数的最大公约数和最小公倍数。

最大公约数:可以使用辗转相除法求出。最小公倍数:使用两数之积除以它们的最大公约数求得。

```
num1 = int(input("请输入第一个正整数:"))
num2 = int(input("请输入第二个正整数:"))
n1= num1
n2= num2
if n1< n2:
    n1,n2= n2,n1

# 求最大公约数
while n2 ! = 0:
    n1, n2 = n2, n1 % n2

print("最大公约数为:", n1)

# 求最小公倍数
lcm = num1 * num2 // n1
print("最小公倍数为:", lcm)
```

【例 3-16】 用以下近似公式求自然对数的底数 e 的值,直到最后一项的绝对值小于 10^{-6} 为止。

$$e = 1 + \frac{1}{1!} + \frac{1}{2!} + \frac{1}{3!} + \cdots + \frac{1}{n!}$$

```
# 初始化 e 的值为 0
e = 0

# 初始化 n 的值为 0,用于计算阶乘
n = 0

# 初始化阶乘的值为 1,用于计算每一项的分母的值
factorial = 1

# 使用循环来计算 e 的值,直到最后一项的绝对值小于 10^- 6
while 1 / factorial > 1e- 6:
    e + = 1 / factorial
    n + = 1
    factorial * = n

# 打印 e 的值
print("e ≈", e)
```

程序运行结果:

```
e ≈ 2.7182818011463845
```

3.3.4 循环的嵌套

若在一个循环体内又包含另一个完整的循环结构,则称之为循环的嵌套。这种语句结构被称为多重循环结构,内层循环中还可以包含新的循环,以形成多层循环结构。

在多层循环结构中两种循环语句(for 循环、while 循环)可以相互嵌套。多重循环的循环次数等于每一重循环的次数的乘积。

【例3-17】 输出乘法表。

用 range 可获得 1 到 9 的整数,利用循环次数改变可在一行内输出乘法表的一行。

```
for j in range(1,9+1):# i 依次取值 1~9
    print(f'{1}x{j}={1 * j:>2}',end=' ')    # 不换行
```

输出结果:

```
1×1=1  1×2=2   1×3=3   1×4=4   1×5=5   1×6=6   1×7=7   1×8=8   1×9=9
```

再用一个循环语句 for i in range(1,10) 改变被乘数,就可以得到九九乘法表。

```
for i in range(1,9+1):# i 依次取值 1~9
    for j in range(1,9+1):    # j 依次取值 1~9
        print(f'{i}x{j}={i* j:>2}',end=' ')    # 不换行
    print()# 循环结束时光标换到下一行
```

输出结果:

```
1×1=1  1×2=2   1×3=3   1×4=4   1×5=5   1×6=6   1×7=7   1×8=8   1×9=9
2×1=2  2×2=4   2×3=6   2×4=8   2×5=10  2×6=12  2×7=14  2×8=16  2×9=18
3×1=3  3×2=6   3×3=9   3×4=12  3×5=15  3×6=18  3×7=21  3×8=24  3×9=27
4×1=4  4×2=8   4×3=12  4×4=16  4×5=20  4×6=24  4×7=28  4×8=32  4×9=36
5×1=5  5×2=10  5×3=15  5×4=20  5×5=25  5×6=30  5×7=35  5×8=40  5×9=45
6×1=6  6×2=12  6×3=18  6×4=24  6×5=30  6×6=36  6×7=42  6×8=48  6×9=54
7×1=7  7×2=14  7×3=21  7×4=28  7×5=35  7×6=42  7×7=49  7×8=56  7×9=63
8×1=8  8×2=16  8×3=24  8×4=32  8×5=40  8×6=48  8×7=56  8×8=64  8×9=72
9×1=9  9×2=18  9×3=27  9×4=36  9×5=45  9×6=54  9×7=63  9×8=72  9×9=81
```

【例3-18】 5文钱可以买一只公鸡,3文钱可以买一只母鸡,1文钱可以买3只小鸡,现在用100文钱买100只鸡,那么各有公鸡、母鸡、小鸡多少只?

每种鸡的数量都大于等于 0 且小于或等于 100,可用 range(1,101)产生所有可能的鸡的数量的序列;鸡的总数和钱的总数都为 100,且小鸡数量是 3 的倍数,可以构造三重循环遍历寻找所有满足条件的解。

```
for cock in range(0, 101):    # 公鸡数量不为 0 且小于或等于 100
    for hen in range(0, 101):    # 母鸡数量不为 0 且小于或等于 100
        for chicken in range(0, 101, 3):    # 小鸡数量大于 0 小于等于 100 且是
                                             3 的整数倍
            # 总钱数为 100,总鸡数为 100
            if cock + hen + chicken == 100 and 5 * cock + 3 * hen + chicken / 3 == 100:
                # 遇到满足条件的数字组合就输出
                print(f"公鸡:{cock:>2}只, 母鸡:{hen:>2}只, 小鸡:{chicken:>2}只 ")
```

运行结果:

```
公鸡:0 只, 母鸡:25 只, 小鸡:75 只
公鸡:4 只, 母鸡:18 只, 小鸡:78 只
公鸡:8 只, 母鸡:11 只, 小鸡:81 只
公鸡:12 只, 母鸡:4 只, 小鸡:84 只
```

实际上在公鸡和母鸡数量 cock、hen 确定的情况下,小鸡的数量 chicken 可由 100 - cock - hen 计算,并不需要用循环进行遍历,可用两重循环实现求解。

继续分析题目,一只公鸡 5 文钱,那么所有的钱全买公鸡最多也只能买 20 只,同理,母鸡最多只能买 33 只,缩小遍历范围。

```
for cock in range(0, 21):    # 公鸡的数量范围从 0 到 20
    for hen in range(0, 34):    # 母鸡的数量范围从 0 到 33
        chicken = 100 - cock - hen    # 小鸡的数量为总数减去公鸡和母鸡的
                                        数量
        if 5* cock + 3* hen + z/3 == 100:    # 如果满足总价为 100 文钱的条件
            print(f"公鸡:{cock:>2}只,母鸡:{hen:>2}只,小鸡:{chicken:>2}只 ")
```

在程序设计中尽可能减少循环或分支的层数可以减少嵌套,让代码趋于扁平,使逻辑更简单,更容易理解,便于维护。需多重循环求解时,可以将内层循环的功能定义成函数,将二重循环转换为两个一重循环,使代码逻辑更清晰。

3.3.5 break 语句

如果 while 循环结构中循环控制条件一直为真,则循环将无限继续,程序将一直运行下

去,从而形成死循环。程序死循环时,会造成程序没有任何响应;或者造成不断输出(例如控制台输出,文件写入,打印输出等)。

在程序的循环体中,插入调试输出语句 print,可以判断程序是否为死循环。注意:有的程序算法十分复杂,可能需要运行很长时间,但并不是死循环。

在大多数计算机系统中,用户可以使用快捷键 Ctrl+C 中止当前程序的运行。

【例 3-19】 死循环示例。

```
while True:# 循环条件一直为真
    string1= input("请输入一个字符串:") # 提示输入一个字符串
    print(string1[::- 1])     # 输出字符串的倒序
print("- - 再见- - - ")

程序运行:
    请输入一个字符串:tj gyu
    uyg jt
    请输入一个字符串:6587 9
    9 7856
    请输入一个字符串:
    ○○○
```

本程序因为循环条件为"while True",所以将一直重复:提示用户输入一个字符串,输出该字符串的倒序,从而形成死循环。所以,最后一句"print("——再见———")"语句将没有机会执行。

break 语句用于退出 for 循环、while 循环,即提前结束循环,接着执行循环语句的后继语句。注意,当多个 for、while 语句彼此嵌套时,break 语句只应用于最里层的语句,即 break 语句只能跳出最近的一层循环。

【例 3-20】 使用 break 语句终止循环。

```
while True:
    s= input('请输入字符串(按 Q 或者 q 结束):')
    if s.upper() = = 'Q':
        break
    print('字符串的长度为:',len(s))
print("- - 再见- - - ")

运行程序:
    请输入字符串(按 Q 或者 q 结束):图 4
    字符串的长度为: 2
    请输入字符串(按 Q 或者 q 结束):569
    字符串的长度为: 3
```

```
请输入字符串(按 Q 或者 q 结束):q
- - 再见- - -

进程已结束,退出代码 0
```

【例 3-21】 编程判断所输入的任意一个正整数是否为素数。

素数(或称质数),是指除了 1 和该数本身,不能被其他数整除的数。判断一个数 m 是否为素数,只要依次用 2、3、4、……、$m-1$ 作为除数去除 m,如果有一个能被整除,m 就不是素数。

```
# 方法一:
m = int(input("请输入一个正整数"))
j = 2
while j <= m - 1:   # 判断 m 可否被 2~m-1 之中任何整数整除
    if m % j == 0:   # 整除运算的余数为 0,表示可以整除
        print(f'{m} "不是素数"' )
        break   # 退出循环
    j = j + 1
else:   # m 不能被 2~m-1 之中的任何一个整数整除
    print(f'{m} "是素数"')
```

在循环中只需判断到该数的平方根即可。

```
# 方法二:
m = int(input("请输入一个正整数:"))

if m <= 1:
    print(m, "不是素数")
else:
    i = 2
    while i * i <= m:
        if m % i == 0:
            print(m, "不是素数")
            break
        i += 1
    else:
        print(m, "是素数")
```

【例 3-22】 使用嵌套循环输出 2~30 以内的素数。

应用上述代码,对于一个非素数而言,判断过程往往可以很快结束。例如判断 30 009 时,

因为该数能被3整除,所以只需判断 $j=2,3$ 两种情况。在判断一个素数尤其是当该数较大时,例如判断30 011,要从 $j=2$ 一直判断到30 010都不能被整除才能得出其为素数的结论。实际上,只要从2判断到 $\sqrt{m}$,若 m 不能被其中任何一个整数整除,则 m 就为素数。

```
# 找出30以内的所有素数
m= 2
print("1—30 内的素数:")
while m< = 30:
    i = 2
    while i* i< = m:
        if m % i = = 0:
            break   # 不是素数,退出内循环
        i = i+ 1
    else:
        print(f'{m}  ',end=" ")  # m是素数,输出
    m= m+ 1  # 准备查下一个数
```

运行结果:

```
1—30 内的素数:
3   5   7   11   13   17   19   23   29
```

【例3-23】 利用公式:$\pi/4 = 1 - 1/3 + 1/5 - 1/7 + ... + 1/(2n-1)$ 求 π 的近似值,一直加到最后一项的绝对值小于 10^{-6} 为止。

公式中每一项的分母数字正好相差2,符号正负交替,可以利用循环结构求解。因循环次数不确定,所以可用while循环实现。

```
n = 1      # 初始化变量 n 为 1,用于计数
sum = 0    # 初始化变量 sum 为 0,用于存储累加的和
term = 1   # 初始化变量 term 为 1,表示当前项的值

while abs(term) > = 1e- 6:   # 检查当前项的绝对值是否小于 10^- 6
    sum + = term       # 将当前项加到 sum 中
    n + = 1                   # 将 n 加 1,表示下一个项的分母
    term = (- 1) * * (n+ 1) / (2 * n- 1)   # 计算下一个项的值

pi = 4 * sum

print("π 的近似值为:", pi)
```

3.3.6　continue 语句

continue 语句类似于 break,也必须在 for、while 循环中使用。但它结束本次循环,即跳过循环体内自 continue 下面尚未执行的语句,返回到循环的起始处,并根据循环条件判断是否执行下一次循环。

continue 语句与 break 语句的区别在于：continue 语句仅结束本次循环,并返回到循环的起始处,循环条件满足的话就开始执行下一次循环；而 break 语句则是结束循环,跳转到循环的后继语句执行。

与 break 语句相类似,当多个 for、while 语句彼此嵌套时,continue 语句只应用于最里层的语句。

【例 3-24】 输入若干学生成绩(按 Q 或 q 结束),如果成绩＜0,则重新输入。统计学生人数和平均成绩。程序运行结果如下所示。

```
请输入学生成绩(按 Q 或 q 结束):60
请输入学生成绩(按 Q 或 q 结束):68
请输入学生成绩(按 Q 或 q 结束):90
请输入学生成绩(按 Q 或 q 结束):89
请输入学生成绩(按 Q 或 q 结束):q
学生人数为:4
平均成绩为:76.75
```

程序代码：

```python
num_students = 0    # 初始化学生人数
total_score = 0     # 初始化成绩和

while True:
    s= input("请输入学生成绩(按 Q 或 q 结束): ")   # 提示输入成绩
    if s.lower() == 'q':              # 输入了 Q 或 q
        break                         # 跳出循环
    score = float(s)
    if score < 0:                     # 成绩< 0
        print("成绩无效,请重新输入")
        continue
    num_students += 1
    total_score += score

if num_students > 0:
    avg_score = total_score / num_students
```

```
    print("学生人数:", num_students)
    print("平均成绩:", avg_score)
else:
    print("没有输入有效成绩")
```

使用 while 循环来不断获取用户输入的学生成绩,直到用户输入 Q 或 q 为止。在循环中,首先通过 input()函数获取用户输入的成绩,并将其转换为浮点数类型。然后,使用 if 语句判断用户是否输入了 Q 或 q,如果是,则使用 break 语句跳出循环。如果用户输入的成绩小于 0,则输出提示信息,并使用 continue 语句跳过本次循环,重新开始下一次循环。如果用户输入的成绩大于等于 0,则将其加入总分数中,并将学生人数加 1。最后,在学生人数大于 0 的情况下,计算平均成绩,并输出学生人数和平均成绩。如果学生人数为 0,则输出提示信息。

【例 3-25】 显示 10~30 中不能被 3 整除的数。要求一行显示 5 个数。

```
# 方法一:使用 continue 语句
count= 0# 控制一行显示的数值个数
print('10~30 不能被 3 整除的数为:')
for i in range(10, 30 + 1):# 10~30 循环
    if (i % 3 = = 0):
    continue# 跳过能被 3 整除的数
    print(f'{i:< 4}', end= ' ')# 每个数占 4 个位置,不足后面加空格,并且不换行
    count + = 1# 一行输出的数值个数加 1
    if (count= = 5):
        print()# 一行显示 5 个数后换行
        count = 0 # 新一行输出的数值个数为 0

# 方法一:不使用 continue 语句
count = 0

print('10~30 不能被 3 整除的数为:')
for i in range(10, 31):
    if i % 3 ! = 0:
        print(f'{i:< 4}', end= ' ')
        count + = 1
        if count % 5 = = 0:
            print()
```

运行结果:

```
10～30 不能被 3 整除的数为:
10    11    13    14    16
17    19    20    22    23
25    26    28    29
```

3.3.7　else

for 语句和 while 语句都可以附带一个 else 子句(可选),这部分语句只在循环正常结束时被执行,如果在循环语句块中遇 break 语句跳出循环或遇到 return 语句结束程序,则不会执行 else 部分。其语法如下。

```
for 变量 in 可迭代对象集合:
    循环体语句(块)1
else:
    语句(块)2
```

或者:

```
while(条件表达式):
    循环体语句(块)1
else:
    语句(块)2
```

【例 3-26】 输入爱好(最多三个,按 Q 或 q 结束),使用 for 语句的 else 子句。程序如下所示。

```
hobbies = ""    # 空字符串
for i in range(1, 3 + 1):    # 循环 3 次
    s = input("请输入爱好之一(最多三个,按 Q 或 q 结束):")    # 提示输入爱好
    if s.upper() == 'Q':    # 输入 Q 或 q,结束循环
        break    # 跳出 for 循环,执行其后继语句
    hobbies += s + ' '    # (爱好)字符串拼接
else:    # for 语句的 else 子句
    print("您输入了三个爱好.")
print('您的爱好为:', hobbies)
```

程序运行情况如下:

```
程序运行一:
请输入爱好之一(最多三个,按 Q 或 q 结束):滑冰
```

```
请输入爱好之一(最多三个,按 Q 或 q 结束):游泳
请输入爱好之一(最多三个,按 Q 或 q 结束):爬山
您输入了三个爱好.
您的爱好为:滑冰 游泳 爬山

程序运行二:
请输入爱好之一(最多三个,按 Q 或 q 结束):滑冰
请输入爱好之一(最多三个,按 Q 或 q 结束):q
您的爱好为:滑冰
```

3.3.8 pass 语句

Python 提供了一个关键字 pass,类似于空语句,可以用在类和函数的定义中或者选择结构中。当暂时没有确定如何实现功能,或者为以后的软件升级预留空间,又或者为其他类型功能时,可以使用该关键字来"占位"。例如下面的代码是合法的:

```
if x > y:
    pass   # 什么操作也不做
else:
    z= x
class student :  # 类的定义
    pass
def calcu() :   # 函数的定义
    pass
```

3.4 程序的异常处理

程序在运行过程中总会遇到一些问题,例如设计师要求输入数值数据,用户却输入字符串数据,这样必然导致严重错误。这些错误被统称为异常。异常也称例外,是在程序运行中发生的会打断程序正常执行的事件。例如做除法时,除数为 0,会引起一个 ZeroDivisionError。例如:

```
x= 25
y= 0
z= x/y
print (z)
print("顺利完成除运算")
```

运行结果：

```
Traceback (most recent call last):
  File "E:\字符串.py", line 3, in <module>
    z= x/y
       ~^~
ZeroDivisionError: division by zero
```

运行时程序因为 ZeroDivisionError 而中断了，语句 print("顺利完成除运算")没有运行。常见的 Python 异常如表 3-1 所示：

表 3-1　　　　　　　　　　　　　　　常见的 Python 异常

异　　常	描　　述
NameError	尝试访问一个没有申明的变量
ZeroDivisionError	除数为 0
SyntaxError	语法错误
IndexError	索引超出序列范围
KeyError	请求一个不存在的字典关键字
IOError	输入输出错误（比如要读的文件不存在）
AttributeError	尝试访问未知的对象属性
ValueError	传给函数的参数类型不正确，比如给 int()函数传入字符串形

为了保证程序运行的稳定性，这类运行异常错误应该被程序捕获并合理控制。Python 提供了 try ... except ... finally 机制处理异常，语法格式如下：

```
try :
    可能触发异常的语句块
except [exceptionType]:
    捕获可能触发的异常 [可以指定处理的异常类型]
except [exceptionType] [as data :]
    捕获异常并获取附加数据
except:
    没有指定异常类型 捕获任意异常
[else:
    没有触发异常时执行的语句块]
[finally:
    无论异常是否发生都要执行的语句块]
```

try...except...finally 的工作过程如下。

（1）在执行一个 try 语句块时，当出现异常后，向下匹配执行第一个与该异常匹配的 except 子句，如果没有找到与异常匹配的 except 子句（也可以不指定异常类型）将结束程序。更改上面的代码：

```
x= 10
y= 0
try:
    z= x/y
    print(z)
except ZeroDivisionError as e : # 处理 ZeroDivisionError 异常
    print("除数为零 错")
    print(e)
print("可继续执行程序")
```

运行结果：

```
除数为零 错
division by zero
可继续执行程序
```

这样一来，程序就不会因为异常而中断，从而 print("可继续执行程序")语句正常执行。在开发程序时把可能发生错误的语句放在 try 模块里，用 except 语句来处理异常。except 语句可以处理一个专门的异常，也可以处理一组圆括号中的异常，如果 except 后没有指定异常，则默认处理所有的异常。每个 try 语句都必须至少有一个 except 语句。

（2）如果在 try 语句块执行时没有发生异常，Python 就执行 else 中的语句，注意 else 语句是可选的，不是必需的。例如：

```
x= 25
y= 0
try:
    z= x/y
    print (z)
except  (IOError,ZeroDivisionError) as  err :
    print("出现异常:",err)
else:  # 在 try 语句块执行时没有发生异常,Python 将执行 else 中的语句
    print("顺利完成除运算")
print("可继续执行程序" )
```

运行结果：

```
出现异常: division by zero
可继续执行程序
```

其中,IOError 是输入/输出操作失败异常类,ZeroDivisionError 是除(或取模)零异常类。

把 y=0 换为 y=2,在 try 语句块中 z=x/y 执行时没有发生异常,Python 将执行 else 中的语句 print("顺利完成除运算"),则上面程序运行为:

```
12.5
顺利完成除运算
可继续执行程序
```

(3) 不管异常是否发生,在 try 结构结束前,finally 中的语句都会被执行。

```
x= 25
y= 0
try:
    z= x/y
    print (z)
except:
    print("出现异常")
else:
    print("顺利完成除运算")
finally:
    print("此句总是执行")
```

运行结果:

```
出现异常
此句总是执行
```

把 y=0 换为 y=2,在 try 中 z=x/y 执行时没有发生异常,Python 将执行 else 中的语句 print("顺利完成除运算"),然后执行 finally 中的语句:print("此句总是执行"),则上面程序运行为:

```
12.5
顺利完成除运算
此句总是执行
```

【例 3-27】 输入一个正整数 n ($n \geqslant 100$),求出 100 至 n 间满足如下条件的数:如果这个数为 m 位数,则每个位上数字的 m 次幂之和等于它本身。

例如：$1^3+5^3+3^3=153$　和　$1^4+6^4+3^4+4^4+=1\,634$

分析：由于输入的不一定是数字，可能引发异常，因此把可能发生错误的语句放在 try 模块里，用 except 语句来处理异常。

由于输入的数字位数不确定，有可能 3 位，也有可能 4 位，甚至更多，因此采用转化成字符串的形式来进行位数的判断。

```python
while True:
    try:
        n = int(input("请输入一个大于 100 的正整数:"))
    except:                    # 输入不是整数
        continue               # 继续下一次循环
    else:                      # 输入是整数
        if n > 100:            # 输入是整数且符合要求
            break              # 结束循环

print(f"100 至{n}间满足条件的数:")
for j in range(100, n + 1):
    str2 = str(j)              # 将数转为字符串,方便获取位数和每位上的数字
    length = len(str2)         # 得到位数
    sum_of_powers = 0
    for i in range(0, length):
        sum_of_powers += int(str2[i]) ** length
    if sum_of_powers == j:
        print(j, end= ' ')
```

运行结果：

```
请输入一个大于 100 的正整数:88
请输入一个大于 100 的正整数:hh
请输入一个大于 100 的正整数:4567
100 至 4567 间满足条件的数:
153  370  371  407  1634
进程已结束,退出代码 0
```

本章小结

本章讲解了程序设计中的基本流程控制结构和异常处理，主要内容如下：

(1) 分支结构 if...elif...else 中的 if 和 elif 子句有条件测试表达式，当表达式的值为真时执行对应的语句块。else 后面无条件测试表达式，直接以冒号结束。

（2）for 循环语句一般用于循环次数可确定的情况，也被称为遍历循环。while 循环用于循环次数不确定的情况，通过判断是否满足某个指定的条件来决定是否进行循环，也被称为条件循环。while 可构造无限次循环，在循环体中判定是否达到结束循环件，用 break 语句终止循环。else 分支下的语句仅在循环迭代正常完成之后执行。

（3）range 是一种数据类型，表示一个不可变的等差数列。range()函数常与 for 一起使用，用于遍历 range()生成的对象并控制循环的次数。range(start,stop[,step])可获得从 start 开始到(stop-1)结束、步长为 step 的整数数列。

（4）continue 语句的作用是跳过本次循环中剩余语句的执行，提前进入下一次循环。break 语句用于跳过当前循环中未执行的次数，提前结束语句所在的循环。

（5）Python 无法正常处理程序时会发生异常，使用 try、except、else 和 finally 这些关键词来组成一个包容性很好的程序，用 try 可以检测语句块中的错误，从而让 except 句捕获异常信息并处理，通过捕捉和处理异常，加强程序的健壮性。

本章练习

一、程序填空

1. 五角星数。五角星数是 5 位的自幂数（如：54 748＝5^5＋4^5＋7^5＋4^5＋8^5），计算并输出 10 000～100 000 之间（不含 100 000）所有的五角星数。请完善代码。

```
for i in range(10 000, 100 000):
    n1 = i // 10000
    n2 = (i - n1 * 10000) // 1000
    n3 = _____
    n4 = (i - n1 * 10000 - n2 * 1000 - n3 * 100) // 10
    n5 = i % 10
    if i == n1 ** 5 + n2 ** 5 + n3 ** 5 + n4 ** 5 + n5 ** 5:
        print(i)
```

运行的结果：

```
54748
92727
93084
```

2. 输出下三角乘法表。要求输出如下所示的下三角乘法表。请完善代码。

```
for i in range(1,6):
    for j in range(1,i+1):
        _____
    print()
```

运行的结果：

```
1×1= 1
2×1= 2   2×2= 4
3×1= 3   3×2= 6    3×3= 9
4×1= 4   4×2= 8    4×3= 12   4×4= 16
5×1= 5   5×2= 10   5×3= 15   5×4= 20   5×5= 25
```

3. 账号密码登录。给用户三次输入用户名和密码的机会，要求如下：

用户输入账号，若账号为"user1"，则提示用户输入密码。若密码为"223344"，则提示"登录成功"，并且退出循环；否则提示"密码错误！"。若账号不为"user1"，则提示"账号错误！"。如果 3 次都不正确，则提示"3 次输入有误！退出程序。"。请完善代码。

```
name = "user1"
password = "223344"
count = 0
while count < 3:
    userInput = input("请输入账号:")
    if userInput = = name:
        userInput = input("请输入密码:")
        if _____
            print("登录成功!")
            break
        else:
            print("密码错误!")
    else:
        print("账户错误!")
    _____       count = count + 1
    if count = = 3:
        print("3 次输入有误！退出程序。")
```

4. 从键盘输入一个整数，判断其是否为完全数。所谓"完全数"，是指这样的数，该数的各因子（除该数本身外）之和正好等于该数本身，例如：6＝1＋2＋3，28＝1＋2＋4＋7＋14。

分析：我们首先判断输入的数是否小于等于 0，负数和零都不会被认为是完全数。然后，我们通过遍历从 1 到该数之间的所有整数，找出能够整除该数的因子，并将这些因子保存在一个列表中。最后，我们将这些因子的和与该数进行比较，如果相等，则说明该数是一个完全数。

```
n = int(input("输入一个数据:"))
if n < = 0:
    print("% d不是完数" % n)     # 负数和零都不会被认为是完全数
```

```
else:
    sum = 0
    si = 1
    swhile i <= n-1:
        if n % i == 0:
            sum += i
        _____
    if sum == n:
        print("% d是完数"% n)
    else:
        print("% d不是完数" % n)
```

二、编程题

1. 编写程序,输入一个由数字和字母组成的字符串,统计数字个数和字母个数。

2. 编写程序,计算 1+2+3+……+100。

3. 编写程序,计算 10+9+8+……+1。

4. 编写程序,计算 2+4+6+8+……+100。

5. 编写程序,使用不同的实现方法,输出 2000～2500 中的所有闰年。

6. 编写程序,计算 $S_n = 1-3+5-7+9-11+\cdots$

提示:可以使用 ifi%2==0 的语句形式判断 i 是否为偶数。

7. 编写程序,计算 $S_n = 1+1/2+1/3+\cdots$

8. 编写程序,打印九九乘法表。要求输出九九乘法表的各种显示效果(上三角、下三角、矩形块等方式)。

9. 编写程序,输入三角形三条边,先判断是否可以构成三角形,如果可以,则进一步求三角形的周长和面积,否则报错——"无法构成三角形!"。

10. 已知三角形的三条边,则可以利用海伦公式计算三角形的面积 $= h*(h-a)*(h-b)*(h-c)$,其中,h 为三角形周长的一半。

11. 输入一个正整数,统计该数的各位数字中零的个数,并求各位数字中的最大者。例如,输入 10 032,则输出为:零的个数为 2,最大值为 3。

12. 自然常数 e 可以用级数 $1+1/1!+1/2!+\cdots+1/n!$ 来近似计算。输入一个小于 1 的浮点数作为阀值,用该公式计算 e 的近似值,直至最后一项(1/n!)小于给定的阀值。

13. 兔子从出生后第三个月起每个月都生一对兔子,小兔子长到第三个月后每个月又生一对兔子,现有一对小兔,用户输入一个月份数,计算并输出该月的兔子总对数。

14. 某城市出租车计费标准如下。

起步里程为 3 km(含 3 km),起步费 13 元。超过起步里程后载客行驶 15 km 以内部分,基本单价 2.3 元/km;载客行驶超过 15 km 部分,基本单价加收 50% 的费用。时速低于 12 km/h 的慢速行驶时间计入等待时间,每等待 1 分钟加收 1 元。输入乘车里程(整数)、等待时间,输出车费。

第 4 章 函 数

学习目标

理解函数基本概念。
掌握函数定义与调用方法。
掌握函数参数。
掌握变量作用域用法。
学会使用模块组织程序。
掌握 lambda 函数。
掌握递归函数

函数是组织好的、可重复使用的、用来实现单一或相关联功能的代码段。函数能提高应用的模块化和代码的重复利用率。用户根据自己的需要创建的函数称作用户自定义函数,函数的功能需要编程实现。

函数是带名字的代码块,用于完成具体的工作。需要使用函数的功能时,可调用该函数。在程序中多次执行同一项任务时,不需要反复编写完成该任务的代码,而只需调用执行该任务的函数即可。

使用函数的主要目的有两个:(1)降低编程难度;(2)代码复用。通过使用函数,程序的编写、阅读、测试和修复将变得更加容易。

4.1 函数定义与调用基础

函数要遵循先定义后调用的规则,也就是说,函数的调用必须位于函数定义之后。一般的做法是将函数的定义放在程序的开头,每个函数之间、函数与主程序之间各留一个空行。

函数必须具有由一个名字、零个或多个参数、一组程序语句组成的函数体。函数返回值可有可无,函数定义时一般要求有文档注释。函数定义的语法如下:

```
def 函数名(形式参数列表):
    """文档注释"""
```

```
函数体代码段
[return 表达式]
```

函数定义包括函数头部和函数体两部分,函数头部用来定义调用接口,函数体用来封装功能代码段及返回值。函数头部以关键字 def 开始,冒号结束,主要用来指明函数名与函数形参两部分。

函数名后面的括号和冒号必不可少。括号中的对象名不需要先赋值,称为形式参数,其值由函数调用时传入。参数列表中的参数可以是 0 个、1 个或多个。当参数个数为 0 时表明函数体内的代码无须外部传入参数就可以执行,此时函数也被称为无参函数;当参数个数大于或等于 1 时,表明函数体内的代码必须依赖于外部传入的参数值才可以执行,被称为有参函数。

函数体内尽量写文档注释,方便查看代码功能。文档注释是 Python 独有的注释方式,用三对双引号引起来的注释语句作为函数里的第一个语句,注释内容可以通过__doc__成员被自动提取,并且被 pydoc 所用。文档注释的内容主要包括该函数的功能、接受参数的个数和数据类型,返回值的个数和类型等。文档注释不是必需的,但在函数定义时加上一段用三引号引起来的注释,可以为用户提供更友好的提示和使用帮助,如上面函数定义后,在调用该函数时,输入左侧括号后,解释器会立刻得到该函数的使用说明,提示用户参数的个数、类型和函数的作用等信息,如图 4-1 所示。

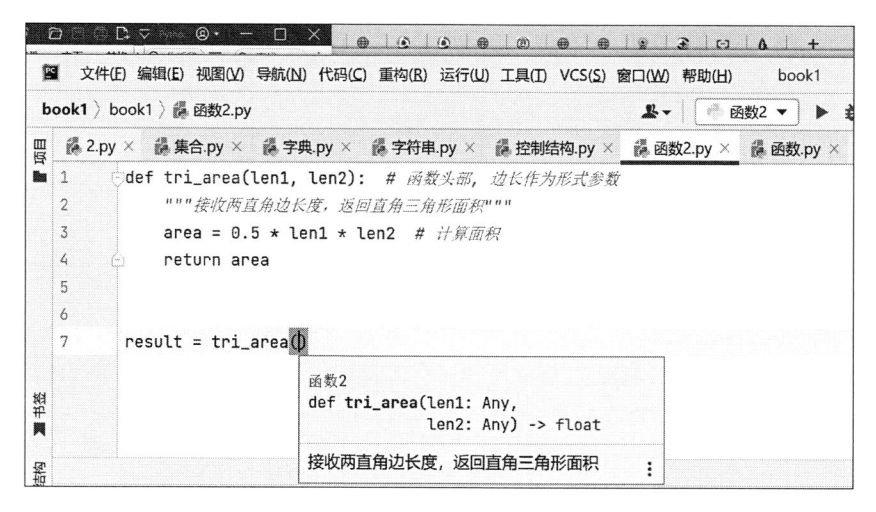

图 4-1 文档注释信息

函数体是实现函数功能的程序语句,相对于 def 关键字要缩进 4 个字符。

函数定义时希望可以将函数的处理结果返回给调用处进行更进一步的处理,此时可以使用 return 语句向外提供该函数的处理结果。函数的返回值语句由 return 关键词开头,返回值没有类型限制,也没有个数限制,当函数返回值为多个时,各值之间用逗号分隔。函数没有返回值语句时,返回"None"。

一般情况下,无返回值的函数的处理结果应该以其他形式呈现,例如,用 print()直接在函数中进行输出。

return 语句是函数在调用过程中执行的最后一个语句,每个函数可以有多个 return 语句,但在执行过程中,只有运行时遇到的第一个 return 起作用。一旦某个 return 语句被执行,函数调用即结束,将返回值返回调用函数的位置。

return 语句可以同时返回多个值,这些值会被作为一个元组中的元素。

```
"""接收两个整数,返回两数的 * 、/、% 、//"""
def cal(x, y):
    n1 = x * y
    n2 = x / y
    n3 = x % y
    n4 = x // y
    return n1, n2, n3, n4    # 将计算结果返回到调用处


a, b, c, d = cal(5, 10)   # 将函数返回值赋给 a,b,c,d
print(a, b, c, d)   # 输出 a,b,c,d 的值 50,0.5 ,5, 0
print(cal(5, 10))   # 输出函数返回值(50, 0.5, 5, 0),返回值多个是元组类型
```

运行结果:

```
50 0.5 5 0
(50, 0.5, 5, 0)
```

程序中定义的函数只有在被调用时才运行。定义好的函数可以通过名字来进行调用,函数调用的语法如下:

```
函数名(实际参数列表)
```

函数被调用时,括号里要给出与函数定义时数量相同的参数,这些参数被称为实际参数(简称:实参),调用时传入的参数必须具有确定的值,这些值会被传递给函数定义中的形式参数(简称:形参),相当于一个赋值的过程。

调用发生时,程序的运行控制权转到被调用的函数,实参的值传递给函数对应的形参。被调函数运行结束,控制权返回调用处,如果函数有返回值,则可当作一个值来使用。调用的函数可以是内建函数、开源库中的函数以及自定义函数。

【例 4-1】 定义一个函数,用来求其面积;输入一直角三角形的两直角边长度,并调用该函数,求直角三角形面积。

1	def triangle_area(len1, len2):
2	"""
3	计算直角三角形的面积

4	:param len1：直角边 1 的长度
5	:param len2：直角边 2 的长度
6	:return：面积
7	"""
8	area = 0.5 * len1 * len2 # 计算面积
9	return area
10	
11	# 输入直角边的长度
12	a = float(input("请输入直角边 1 的长度："))
13	b = float(input("请输入直角边 2 的长度："))
14	
15	# 调用函数计算面积
16	area = triangle_area(a, b)
17	
18	# 输出面积
19	print("等腰直角三角形的面积为：", area)

代码说明：

(1) 代码第一行为定义的函数头部，函数名为 triangle_area，形参名称为 len1，len2，用来接收直角三角形边长值。

(2) 代码第八、九行为函数内的功能代码，完成直角三角形面积的求解，并使用 return 返回结果，这两行代码需要保持缩进 4 个空格的格式。

(3) 代码第十六行是对函数的调用，a、b 为实参，值被传递给 len1，len2。

另一种更常用的函数定义方法是，将输入、输出和函数调用的语句写在 if__name__ == '_main_': 下面。if__name__ == '_main_': 语句的作用就是控制执行代码的过程，该语句下面的代码只有在文件作为脚本直接执行时才会被执行。当这个文件被其他程序用 import 导入时，if _name_ == '_main_': 语句下面的代码块不会被执行，屏蔽其输入、输出和函数调用功能，只使用其中定义的函数。

当代码中的函数和方法可能被其他程序调用时，一般建议使用这种模式，使代码可以作为单独的程序直接运行，又可以被作为模块导入其他程序中。

```
def triangle_area(len1, len2):
    """
    计算直角三角形的面积
    :param len1: 直角边 1 的长度
    :param len2: 直角边 2 的长度
    :return: 面积
```

```
    """
    area = 0.5 * len1 * len2   # 计算面积
    return area

if __name__ == '__main__':
    # 输入直角边的长度
    a = float(input("请输入直角边 1 的长度: "))
    b = float(input("请输入直角边 2 的长度: "))

    # 调用函数计算面积
    area = triangle_area(a, b)

    # 输出面积
    print("等腰直角三角形的面积为: ", area)
```

4.2 函数的参数传递

函数参数传递形式主要有 5 种,分别为位置传递、关键字传递、默认值传递、不定参数传递(包裹传递)、解包裹传递。

函数可以有参数,也可以无参数。无参数传递的函数定义形式如下。

```
def <函数名>():
    <函数体>
return <返回值>
```

注意:即使没有参数,也必须保留圆括号。

【例 4-3】 定义无参数的问候函数,调用该函数,输出问候语"你好!"。

```
def say_hello():
    print("你好!")

# 调用函数
say_hello()
```

运行结果:

```
你好!
# 这是一个无参数的函数,调用时不需要传入参数值。
```

4.2.1 位置传递

将例4-3稍做修改,就可以让函数say_hello()不仅显示"你好!",而且将打招呼的对象名字显示出来。为此,可在函数定义say_hello()的括号内添加两个参数username和city。调用say_hello()时必须提供名字和城市名作为实参。

【例4-4】 定义问候函数,输入姓名和城市名,输出形如"你好,来自*的♯同学!"的问候语。其中,*表示城市名,♯表示姓名。程序代码:

```
# 定义函数
def say_hello(username,city):
    return "你好,来自"+ city+ '的'+ username+ "同学!"


# 调用函数
n= input('您的名字:')
c= input('您的城市:')
print(say_hello(n,c))
```

运行结果:

```
您的名字:张华
您的城市:北京
你好,来自北京的张华同学!
```

程序说明:

(1) 分两行分别输入"张华"和"北京",调用say_hello()函数,返回指定的问候语并输出。

(2) 函数say_hello(username,city)中包括两个参数,参数传递时,按照形式参数定义的顺序,将n和c分别传递给username和city。这种位置传递是使用较为普遍的方式。

除了传递简单的常量,还可以向函数传递组合数据,例如列表。将列表传递给函数后,函数就能直接访问其内容。

【例4-5】 假设有一个用户列表,定义函数问候其中每一位用户。

【分析】 将一个名字列表传递给一个名为user()的函数,这个函数的功能是问候列表中的每个人。程序代码:

```
def user (names):
    for i in names:# 向列表中每位用户都发出问候
        msg = "你好, "+ i+ "!"
        print(msg)
```

```
usernames= ["林美","王迪","李安"]
user(usernames)
```

运行结果：

```
你好,林美!
你好,王迪!
你好,李安!
```

将列表传递给函数后,函数就可以对其进行修改,这能够高效地处理大量的数据。

【例 4-6】 假设有一个名字列表,定义 make_number()函数,为列表中的每个名字前都加入序号。程序代码：

```
def make_number(names, new_names):
    i= 1
    for item in names:
        item = f'{i:< 2}'+ " "+ item
        new_names.append(item)
        i+ = 1

names= ['吴漾','莫辉','Alice', 'Bob', 'Charlie']
new_names= []
make_number(names, new_names)
print(new_names)
```

运行结果：

```
['1  吴漾', '2  莫辉', '3  Alice', '4  Bob', '5  Charlie']
```

new_names 列表得到函数处理的结果。

【例 4-7】 定义一个函数,接受一个正整数的输入,判定其是否为素数。

素数又称质数。一个大于 1 的自然数,除了 1 和它自身外,不能被其他自然数整除的数被称为素数。

根据素数定义,遍历[2, $n-1$]的整数,如果整数 n 在[2, $n-1$]存在因子,就必然不是素数,如果在[2, $n-1$]不存在因子,则说明该数只能被 1 和它自身整除,为素数。参考代码如下：

```
def is_prime(n):
    """
```

```
    判断一个正整数是否为素数
    :param n: 正整数
    :return: 如果 n 是素数,返回 True;否则返回 False
    """
    if n < 2:  # 0和1以及负数都不是素数
        return False  # False 为假,此值返回给调用函数处
    for i in range(2, n):  # 遍历从 2 到 n-1 的数字
        if n % i == 0:  # 当存在能被整除的数时,不是素数
            return False  # False 为假,此值返回到调用函数处
        else:
            return True  # True 为真.代表 n 是素数


if __name__ == '__main__':
    num = int(input("输入一个正整数"))  # 输入一个正整数 num
    if is_prime(num):  # 调用 is_prime(),进行判断
        print(num, " 是素数")  # is_prime()为 True,输出"是素数"
    else:
        print(num, " 不是素数")  # is_prime()为 True,输出"是素数"
```

运行结果:

```
输入一个正整数:77
77  不是素数
```

约数是成对出现的,如55,找到约数5,那么一定有约数11。对于整数 n,其成对的约数必须一个在 $\sqrt{n}$ 之前,一个在 $\sqrt{n}$ 之后。因为都在 $\sqrt{n}$ 之前的话,乘积一定小于 n;如果都在 $\sqrt{n}$ 之后的话,乘积一定大于 n。所以,如果在 $\sqrt{n}$ 之前都找不到约数的话,那么之后也不会有。

利用这个原理,可以缩小遍历范围为(2,int($n**0.5$)+1),提高算法效率。

```
for i in range(2,n):# 遍历从 2 到 n-1 的数字
# 修改为
for i in range(2,int(n**0.5)+1):# 遍历从 2 到 n**0.5 的数字
```

【例4-8】 幂函数。定义一个函数,用于计算 x 的 n 次幂。进行函数定义时,可以定义两个或多个形参,函数调用时使用数量相等的实参。

```
def power(x, n):
    """
```

```
    计算 x 的 n 次幂
    :param x: 基数
    :param n: 指数
    :return: x 的 n 次幂
    """
    return x ** n    # 返回 x 的 n 次幂的计算结果

if __name__ == '__main__':
    k = float(input('请输入基数:'))    # 输入数
    q = int(input('请输入幂数:'))      # 输入正整数
    print(f'{k}的{q}次幂{power(k, q)}')   # 调用函数计算 k 的 q 次幂
```

输入:

```
请输入基数:5
请输入幂数:8
```

输出:

```
5 的 8 次幂 390625
```

power()函数定义时要求两个参数,那么调用这个函数时也要按顺序给出两个值,按序传递给函数定义中的两个参数。在函数调用前,用输入语句,由用户输入参数 k 和 q 值,那么这个函数就可以计算任意整数的正整数次幂了。

4.2.2 关键字传递

关键字实参传递是给函数同时传递形参名和实参值。由于直接在实参中将名称和值关联起来,因此向函数传递实参时不会混淆。关键字实参让你无须考虑函数调用中的实参顺序,还清楚地指出了函数调用中各个值的用途。

【例 4-9】 定义一个描述宠物的函数 describe_pet,包含宠物类型和名字两个参数,调用该函数,分别输出宠物类型和名字。程序代码:

```
def describe_pet(animal_type, pet_name):
    print("I have a "+ animal_type + ".")
    print("My "+ animal_type+ "'s name is "+ pet_name+ ".")


describe_pet(pet_name= "kitty",animal_type= "cat")
```

运行结果:

```
I have a cat.
My cat's name is kitty.
```

程序说明：定义函数 describe_pet() 时,有两个形式参数,分别是 animal_type 和 pet_name。调用时,通过赋值直接将实参与形参的名称对应起来,根据每个参数的名称传递,此时,关键字不需要遵守位置的对应关系。用关键字实参传递时,关键字实参的顺序无关紧要。下面两个函数调用是等效的。

```
describe_pet(animal_type= "cat", pet_name= "kitty")
describe_pet(pet_name= "kitty", animal_type= "cat")
```

注意：关键字实参传递时务必提供正确的形参名。

4.2.3 可选参数

可选参数是定义函数时就指定默认值的参数。可选参数函数的定义形式如下。

```
def <函数名>(<非可选参数>,<可选参数>=<默认值>):
    <函数体>
    return <返回值>
```

注意：可选参数必须放在非可选参数的后面。

如下面的代码中 b 和 c 是可选参数,如果调用时没有提供新值,则 b 和 c 取值为默认值 3 和 5,如果调用时提供了新值,则可选参数取新值。

【例 4-10】 定义求三个数和的函数,包含三个参数,其中两个是可选参数,默认值分别是 3 和 5。

分析：可选参数要放在非可选参数之后。

程序代码：

```
def Sum(a,b= 3,c= 5):
    return a+ b+ c


print(Sum(8))
print(Sum(8,2))
```

运行结果：

```
16
15
```

程序说明：在本例中，函数 Sum 共有三个参数，分别是 a、b、c。其中，b 和 c 是可选参数，在定义时给定了默认值，分别是 3 和 5。通过 print(Sum(8)) 调用 Sum 函数时，只给了一个参数 8 赋给 a，因此 b 和 c 取默认值。而在通过 print(Sum(8,2)) 调用时，给了两个参数，则 c 会取默认值 5。

4.2.4 可变参数

如果函数定义时参数数量不确定，则可以将形式参数指定为可变参数。可变参数传递函数形式如下。

```
def <函数名>(<参数>,* b):
    <函数体>
    return <返回值>
```

其中，带星号 * 的参数即可变参数，可变参数只能出现在参数列表的最后，可以接纳任意多个实参，并且组装到元组中。一个可变参数代表一个元组。有关元组的知识将会在本章后续小节中讲解。

【例 4-11】 定义一个可变参数函数，输出学生的学号、姓名和爱好。

分析：每个学生爱好可能有多个，因此，爱好考虑用可变参数存储。程序代码：

```
def print_stu_info(num,name,* hobbys):
    print("num:",num,"name:",name,"hobbys:",hobbys)


print_stu_info("2020001","Wang")
print_stu_info("2020002","Li","running")
print_stu_info("2020003","Zhao","running","skating")
```

运行结果：

```
num: 2020001 name: Wang hobbys: ()
num: 2020002 name: Li hobbys: ('running',)
num: 2020003 name: Zhao hobbys: ('running', 'skating')
```

程序说明：参数 hobbys 前面加星号，表示 hobbys 是可变参数。调用 print_stu_info 函数时，可以不提供值给 hobbys 参数；也可以为 hobbys 指定一个参数值，如 ' running '；还可以为 hobbys 提供两个或多个参数值，如 ' running '和' skating '两个值。

4.3 函数的返回值

函数可以返回 0 个或多个结果，传递返回值用 return 保留字。如果不需要返回值，则可以没有return语句。return可以传递0个返回值,也可以传递任意多个返回值。

4.3.1 返回多个值

return可以传递一个或多个返回值,下面举例说明如何利用return传递多个返回值。

【例4-12】 编写函数,计算1~n的总和以及平均值,并返回总和值及平均值。

分析:函数有两个返回值,分别是总和值和平均值。使用return返回两个值,并用逗号分隔两个值。程序代码:

```
def sum_and_average(n):
    """
    计算1到n的总和和平均值
    :param n: 整数
    :return: 一个元组,包含总和和平均值
    """
    total = 0
    for i in range(1, n+ 1):
        total += i
    average = total / n
    return total, average


n = int(input("请输入一个整数:"))
total, average = sum_and_average(n)
print("总和为: ", total)
print("平均值为: ", average)
```

【例4-13】 一个球从100米高度自由落下,每次落地后反跳回原高度的一半,再落下,求它在第五次弹起至最高点时,共经过多少米? 第五次反弹多高?

分析:球从100米高自由落下,可以发现每一次球反弹都导致球弹起来的高度比上一次的高度缩短了一半,第五次弹至最高点不再管后面的高度,因此总长度为$100+50\times2+25\times2+12.5\times2+6.25\times2+3.125=290.625$(米)。

通过for循环,模拟自由落体的运动轨迹,可以得到总长度和第n次反弹的高度。

```
def free_fall_game1(x, cnt):
    '''
    x:初始高度
    cnt:第几次反弹
    '''
    high = x    # 初始高度
    sum_high = high  # 初始运动总长度等于初始高度
```

```
            cur_high =  0      # 表示当前反弹高度为 0
            for i in range(1, cnt + 1):
                if i < cnt:
                    cur_high =  high / 2   # 当前反弹高度是前一次高度的一半
                    # 运动总长度增加了本次反弹高度和落下高度
                     sum_high + =  cur_high* 2
                    high =  cur_high   # 当前反弹高度为下一次反弹的基数
                else:              # 最后一次反弹没有落下就结束了
                    cur_high =  high / 2
                    sum_high + =  cur_high   # 运动总长度只需增加本次反弹高度
                    return sum_high, cur_high   # 返回


s_high, c_high= free_fall_game1(100, 5)
print(f"第五次弹起至最高点的总长度为:{s_high}米")
print(f"最后一次反弹高度为:{c_high}米")
```

4.3.2 返回组合数据

函数可以返回任何类型的值,包括列表和字典等较复杂的数据结构。

【例 4-14】 假设列表中为一个班级所有学生的成绩,用函数返回三个最高分数。

程序代码:

```
def top_three_scores(scores):
    """
    返回列表中的三个最高分数
    :param scores: 包含学生成绩的列表
    :return: 包含三个最高分数的列表
    """
    scores.sort(reverse= True)        # scores 的元素降序排列
    return (scores[0], scores[1], scores[2])


scores =  [89, 93, 78, 92, 88, 96, 90, 85, 94]
ls= top_three_scores(scores)
print(f'前三名成绩分别为{ls[0]}、{ls[1]}和{ls[2]}')
```

运行结果:

```
前三名成绩分别为 96、94 和 93
```

4.4 变量作用域

变量的作用域就是指变量的有效范围。变量的作用域按照作用范围分为两类：全局变量和局部变量。一般来说，在函数外部声明的变量是全局变量，其作用域是整个文件（或模块）；函数内部声明的变量是局部变量，其作用域是声明这个变量的函数内部，在函数外部不可以访问。

4.4.1 局部变量

局部变量在def定义的语句块中，用时都会创建一个新的对象。局部变量依赖创建该变量的函数是否处于活动的状态，函数调用时创建，函数调用结束后销毁该变量并释放内存。

```
def my_name():
    g_name = '白云' # 函数内定义的局部变量,函数外部不能访问
    print(g_name) # 输出白云


my_name() # 调用函数 my_name()
print(g_name) # NameError: name 'g_name' is not defined
```

"白云"是在函数my_name()内部创建的对象，变量g_name是函数内部命名的，属于局部变量，只能在函数内部访问，在函数外部访问该变量时会触发NameError异常。

4.4.2 全局变量

全局变量是在模块（文件）层次中定义的变量，每一个模块都是一个全局作用域。也就是说，在模块文件顶层声明的变量都是全局变量，其作用域是当前模块（文件）内，包括函数外部和函数内部。全局变量在模块（文件）运行的过程中会一直存在，占用内存空间，一般建议尽量少定义全局变量。

【例4-15】 函数外部定义的全局变量，函数内外都能访问。

```
def my_name():
    print(g_name) # 输出全局变量 g_name 的值:魏伟


g_name = '魏伟' # 函数外部定义的全局变量,函数内外都能访问
my_name() # 调用函数 my_name()
print(g_name) # 输出全局变量 g_name 的值:魏伟
```

函数内部可以直接访问和引用全局变量的值，但不能直接改变全局变量的值。函数内部

全局变量名应该出现在赋值符号右边,一旦全局变量名出现在赋值符号左边,系统就会认为这是重新定义的局部变量对象,其值变为在函数内重赋的新值,同时屏蔽外层作用域中的同名全局变量。

【例 4-16】 定义局部变量。

```
# 定义局部变量
def my_name( ) :
    g_name= '蓝天' # 局部变量屏蔽同名全局变量
    print( f"局部变量 id： {id( g_name ) } " ) # id:2007961003632
    print(f"局部变量值： {g_name}") # 局部变量值:蓝天


g_name = '白云' # 函数外定义的全局变量
print(f"全局变量 id： {id(g_name)} ") # id2007961008720
my_name( ) # 调用函数 my_name(()
print(f"全局变量值： {g_name}") # 全局变量值:白云
```

运行结果:

```
全局变量 id： 2007961008720
局部变量 id： 2007961003632
局部变量值： 蓝天
全局变量值： 白云
```

在这个例子里,g_name 本是个全局变量,分配的内存地址为 2007961008720。my_name( )中 g_name 放到赋值符号左侧重新赋值为"蓝天",这个操作相当于重新创建了一个对象"蓝天",并为这个对象贴上一个标签"g_name",其内存地址为 2007961003632。虽然两个对象的名称一样,但分配的内存地址不同,所以,它们是两个不同的对象。

因为这个对象和标签都是在函数内部创建的,所以它是一个新的局部变量,其作用域是这个函数内部。在函数内访问 g_name 时访问的是局部变量,其值是"蓝天";在函数外访问变量 g_name 时访问的是全局变量,其值是"白云"。

这个规则适用于所有全局变量值为固定数据类型的情况,如全局变量值为数字型、字符型和元组等。此时,函数体内试图改变全局变量值时,都会创建一个新的局部变量。

在函数内部的变量声明,除非特别声明为全局变量,否则均默认为局部变量。当需要在函数体内声明一个可以在函数体外访问的全局变量的值时,可以使用 global 关键字来声明变量的作用域为全局。

【例 4-17】 global 作用就是把内部变量提升为全局变量。

```
def my_name( ) :
    global g_name  # 声明 g_name 为全局变量
    g_name = '郁金香'  # 函数内定义全局变量会屏蔽函数外的同名变量
```

```
        print(f"新 id:{id(g_name)}")   # 新 id:1816443448432
        print(f"新值:{g_name}")    # 新值:郁金香

g_name= '玫瑰'
print(f"原 id：{id(g_name)}" ) # 原 id:1816443451984
print(f"原值：{g_name}")       # 原值:玫瑰
my_name()    # 调用函数 my_name()
print(f"调用后 id:{id(g_name)} ")     # 调用后 id:1816443448432
print(f"调用后值:{g_name}")       # 调用后值:郁金香
```

运行结果：

```
原 id：    1816443451984
原值：   玫瑰
新 id：   1816443448432
新值：    郁金香
调用后 id：  1816443448432
调用后值：    郁金香
```

从输出结果可以发现，函数调用时，函数内声明的变量是一个新的变量（内存地址不同），与函数外的变量声明无关。在函数调用后，再次访问变量 g_name 时访问的是最近在函数内部声明的新全局变量 g_name。

4.5 匿名函数

所谓"匿名"，意即不再使用 def 语句这样标准的形式定义一个函数。在 Python 中使用 lambda 关键字创建匿名函数，通常是在函数式编程中直接使用 lambda 函数。lambda 函数的语法只包含一个语句，如下：

```
lambda [arg1 [,arg2,...argn]]:expression
```

匿名函数相当于函数定义：

```
def fun(参数列表)：# 参数可以是一个,也可以是多个
    return 表达式
```

lambda 只是一个表达式，函数体比 def 简单很多。

lambda 的主体是一个表达式，而不是一个代码块。仅仅能在 lambda 表达式中封装有限的逻辑进去。

lambda 函数拥有自己的命名空间，且不能访问自己参数列表之外或全局命名空间里的参数。

设置参数 a 加上 10：

```
x = lambda a : a + 10
print(x(5))
```

输出结果：

```
15
```

【例 4-18】 匿名函数设置两个参数：

```
sum = lambda arg1, arg2: arg1 + arg2   # 函数说明


# 调用 sum 函数
print("相加后的值为 : ", sum( 10, 20 ))
print("相加后的值为 : ", sum( 20, 20 ))
```

运行结果：

```
相加后的值为 :  30
相加后的值为 :  40
```

Python 提供了很多函数式编程的特性，如 sorted()、map()、reduce()、filter() 等函数都支持函数作为参数，lambda 函数可以应用在函数式编程中。

sorted() 函数，语法如下：

```
sorted(iterable, * ,key= None,reverse = False)
```

其中，key 可以接收函数返回值为排序依据。reverse＝False 表示升排序，reverse ＝True 表示逆序，即降序排序。

```
ls = [- 5, - 9, 6, 10, 8]
print(sorted(ls))   # 按整数值升序排序   # [- 9,- 5,6,8,10]
# 按各元素的平方升序排序输出
print(sorted(ls, key= lambda x: x * * 2))   # [- 5, 6, 8, - 9, 10]

ls = ['9','58','01','920' ]
# 按字符串升序排序
print(sorted(ls))   # [ '01 ','58', '9 ', '920 ']
```

```
print(sorted(ls, key= lambda x: int(x)))   # ['01','9','58','920']
按其对应整数值升序排序输出
print(sorted(ls, key= lambda x: len(x)))   # ['9','58','01','920']
按字符串长度升序排序输出
```

再如：

```
chars= ['python','java','php','c+ + ','jsp','c# ']
print(sorted(chars))           # 默认排序,按第一个字符的顺序排序
print(sorted(chars,key= lambda x:len(x)))         # 自定义按照字符串长度排序
print(sorted(chars,key= lambda x:x[1]))           # 自定义按照字符串的第2个字符的顺序排序
```

运行结果：

```
['c# ', 'c+ + ', 'java', 'jsp', 'php', 'python']
['c# ', 'php', 'c+ + ', 'jsp', 'java', 'python']
['c# ', 'c+ + ', 'java', 'php', 'jsp', 'python']
```

filter()函数用于过滤序列,过滤掉不符合条件的元素,返回符合条件的元素。filter()函数接收一个函数和一个序列,filter()把传入的函数依次作用于此序列的每个元素,然后根据返 True 还是 False 决定保留还是丢弃该元素。语法如下：

```
filter(function, iterable)
```

filter()函数返回的是一个生成器,也就是一个惰性序列,可以用 * 解包,也可用 list()函数转为列表输出。

```
# 过滤出列表中的所有奇数：
def is_odd(n):
    return n % 2 = = 1

newlist = filter(is_odd, [88, 33, 26, 777,88, 9,76])
print(newlist)
print(* newlist)
```

运行结果：

```
< filter object at 0x000001F1E04DA200>
33 777 9
```

使用 filter()函数与 lambda 函数结合,可以用一行代码实现把与 3 相关的数过滤的功能。

```
print(* (filter(lambda x:x% 3= = 0 or x % 10 = = 3 or x // 10= = 3,[30,13,
71,69,6,15,]))) # 33 13 69 6 15
```

4.6 递 归 函 数

递归(recursion)指在函数定义中调用函数自身的方法,基本思想是把规模大的问题转化为规模小的相似的子问题来解决。在函数实现时,因为解决大问题的方法与解决小问题的方法往往是同一个方法,所以就产生了函数调用自身的情况。这个函数必须有明显的结束条件,以避免产生无限递归的问题。

下面以阶乘的计算为例说明递归的过程,如图 4-2 所示。

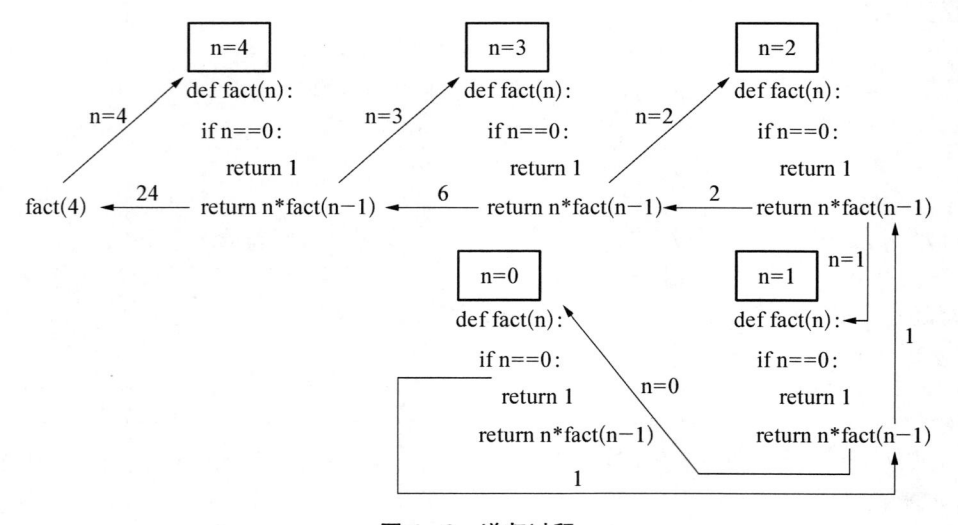

图 4-2 递归过程

```
# 使用递归算法实现阶乘
def fact(n):
    if n= = 0:           # 当 n= 0 时
        return 1        # 返回 1,终止函数递归调用
    return n* fact(n- 1)# 每调用一次,问题规模减小


print(fact(4))# 调用递归函数,输出结果 24
```

函数 fact(4)首次调用时,传入的值为 4,返回值为 4 * fact(3),此时 fact(3)函数的传入值为 3,返回值为 3 * fact(2),函数每调用一次,问题的规模减小 1,直至遇到函数的结束条件

n==0,终止函数的调用,再逆向运算得出结果。可单步调试查看程序运行轨迹,也可在程序中加输出语句,显示运行轨迹:

```
# 使用递归算法实现阶乘
def f(n):
    print (f"此时调用 f({n})")
    if n= = 0:    # 当n= 0时
        print(f"\n 此时将结束调用 f({n}):0! = 1",end= ' ')
        return 1  # 返回 f(1),终止 f(0)调用
    b= f(n- 1)    # 每调用一次,问题规模减小 1
    a= n* b
    print(f"\n 此时将结束调用 f({n}): {n}! = {n}* {n- 1}! = {n}* {b}= {n* b}",end= "")
    return a
print('\n4 的阶乘:',f(4))    # 调用递归函数,输出结果 24
```

运行结果:

```
此时调用 f(4)
此时调用 f(3)
此时调用 f(2)
此时调用 f(1)
此时调用 f(0)

此时将结束调用 f(0):0! = 1
此时将结束调用 f(1): 1! = 1* 0! = 1* 1= 1
此时将结束调用 f(2): 2! = 2* 1! = 2* 1= 2
此时将结束调用 f(3): 3! = 3* 2! = 3* 2= 6
此时将结束调用 f(4): 4! = 4* 3! = 4* 6= 24
4 的阶乘: 24
```

递归函数的特性如下:

(1) 须有一个明确的递归终止条件。递归在有限次调用后要进行回溯才能得到最终的结果,那么必须有一个明确的临界点,程序一旦到达了这个临界点,就不用继续函数的调用而开始回溯,该临界点可以防止无限递归。

(2) 终止办法。在递归的临界点应该直接给出问题的解决方案。递归时,相比上次递归都应有所减少或更接近于解。递归问题必须可以分解为若干个规模较小、与原问题形式相同的子问题,这些子问题可以用相同的解题思路来解决。从程序实现的角度而言,需要抽象出一个简单的重复的逻辑以便使用相同的方式解决子问题。

递归函数的优点是定义简单、逻辑清晰。理论上,所有的递归函数都可以写成循环的方式,但循环的逻辑不如递归清晰。非递归的阶乘算法:

```
def fact(n):        # 实现阶乘
    if n==0:        # 当 n=0 时
        return 1    # 返回 1,终止函数调用
    s=1
    for i in range(1,n+1):
        s=s*i
    return s

print("4 的阶乘:",fact(4))    # 调用函数,输出结果 24
```

【例 4-19】 编写函数,从键盘输入参数 n,输出 $H(n)$ 的值。
$H(0)=0$;$H(1)=1$;$H(2)=2$;$H(n)=H(n-1)+3\times H(n-2)-5\times H(n-3)$
方法一:用递归函数。

```
def H(n):
    """
    计算 H(n) 的值
    :param n: 非负整数
    :return: H(n) 的值
    """
    if 0<=n<3:
        return n
    else:
        return H(n-1)+3*H(n-2)-5*H(n-3)


n = int(input("请输入一个非负整数: "))
print(f"H({n})的值为:{H(n)}")
```

方法二:用循环。

```
def H(n):
    if 0<=n<3:
        return n
    else:
        H_values = [0, 1, 2] + [0] * (n-2)   # 列表的元素个数[0, 1, 2, 0, 0, 0, 0,.......]
        for i in range(3, n+1):
            H_values[i] = H_values[i-1] + 3* H_values[i-2] - 5* H_values[i-3]   # 计算元素的值
```

```
        return H_values[n]

n = int(input("请输入一个非负整数："))
print(f"H({n})的值为:{H(n)}")
```

4.7 内 置 函 数

内置函数就是 Python 给你提供的，拿来直接用的函数，比如 print、input 等。
截止到 python 版本 3.6.2，Python 一共提供了 68 个内置函数，具体如下：

abs()	dict()	help()	min()	setattr()
all()	dir()	hex()	next()	slice()
any()	divmod()	id()	object()	sorted()
ascii()	enumerate()	input()	oct()	staticmethod()
bin()	eval()	int()	open()	str()
bool()	exec()	isinstance()	ord()	sum()
bytearray()	filter()	issubclass()	pow()	super()
bytes()	float()	iter()	print()	tuple()
callable()	format()	len()	property()	type()
chr()	frozenset()	list()	range()	vars()
classmethod()	getattr()	locals()	repr()	zip()
compile()	globals()	map()	reversed()	__import__()
complex()	hasattr()	max()	round()	
delattr()	hash()	memoryview()	set()	

这些函数中的大部分会在本书的各章节出现，本节只介绍几个常用函数。
(1) help([object])
可返回方括号中对象的帮助信息，括号中的参数为一个字符串，可以是模块名、函数名、类名、方法名、关键字或文档主题。当参数省略时，进入帮助环境，再输入要查找的对象名，返回该对象的帮助。例如，查看函数 id 的帮助信息：

```
>>> help(id)
Help on built-in function id in module builtins

id(obj, /)
    Return the identity of an object.
```

```
This is guaranteed to be unique among simultaneously existing objects
(CPython uses the object's memory address.)
>>>
```

(2) id(object)

id 函数返回括号中对象的内存地址,一个对象的 id 在 Python 解释器中代表它在内存中的首地址。用 is 判断两个对象是否相同时,依据的就是这个 id 值是否相同。对于字符串、整数、元组等类型,变量的 id 值是随着值的改变而改变的。

字符串变量的 id 值:

```
# 字符串
str1= "Python"
str2= "Python"
print(str1,id(str1))        # 140734698194952
print(str2,id(str2))        # 140734698194952
print("str1 is str2:",str1 is str2)    # True
str1= "Python "+ "3.11"
print(str1,id(str1))
str2= "Python "+ "3.8"
print(str2,id(str2))
print("str1 is str2:",str1 is str2)    # False
```

运行结果:

```
Python 140734698194952
Python 140734698194952
str1 is str2: True
Python 3.11 2528983369264
Python 3.8 2528983369328
str1 is str2: False
```

列表等复合类型的对象,在同一生命周期里,id 唯一且不变。

```
a= [1,2,3]
print(a,"\t\t\tid:",id(a))
a.append(88)        # a 值变了
print(a,"\t\tid:",id(a))    # a 值变了,注意此时 id 值与添加前相同,a 还是绑定
                            #   同一对象
a.extend([6,7])     # a 值变了
print(a,"id:",id(a))        # 注意此时 id 值与扩展前相同,a 还是绑定同一对象
```

```
a= [1,2,3]+ [6,7]      # 重新赋值,绑定不同的对象
print(a,"\tid:",id(a))   # 注意此时 id 值与赋值前不同,绑定不同对象
```

运行结果:

```
[1, 2, 3]            id: 1330789830080
[1, 2, 3, 88]        id: 1330789830080
[1, 2, 3, 88, 6, 7]  id: 1330789830080
[1, 2, 3, 6, 7]      id: 1330790754560
```

(3) type(object)

type()函数用来查看数据的类型,其返回值为要查询对象的类型信息。

```
print(type(1),type(1.0),type('1'),type(True))
# < class 'int'> < class 'float'> < class 'str'> < class 'bool'>
print(type((1)),type((1,)),type([1]),type({1}),type({1:'MARY'}))
# < class 'int'> < class 'tuple'> < class 'list'> < class 'set'> <
class 'dict'>
```

【例 4‑20】 简单计算器。用函数设计一个简单计算器的程序,可以实现加、减、乘、除、整除和幂运算。

从代码量上看,函数有所增加,但从逻辑上看,程序的结构变得更加清晰。每个函数只实现其加、减、乘、除、整除和幂运算中的一种功能。主程序只实现输入、判断和输出,根据输入的不同符号调用某一个函数进行运算。使程序更加扁平,逻辑上也更加清晰。

```
def add(a, b):
"""接收两个数值类型的参数,返回其和"""
    return a + b

def subtract(a, b):
"""接收两个数值类型的参数,返回其差"""
    return a - b

def multiply(a, b):
"""接收两个数值类型的参数,返回他们的积"""
    return a * b

def divide(a, b):
"""接收两个数值类型的参数,第二个参数非 0 时,以浮点类型返回他们的商,
第二个参数为 0 时,返回'Divide by zero'。
```

```python
    """
        if b == 0:          # 考虑除零情况
            return 'Divide by zero'
        else:
            return a / b

def floor_divide(a, b):     # 整除法运算函数
    """接收两个数值类型的参数,第二个参数非 0 时,以整数类型返回他们的整数商,
    第二个参数为 0 时,返回'Divide by zero'。
    """
        if b == 0:          # 输入的除数为 0 时返回除零错误
            return 'Divide by zero'
        else:               # 输入的除数非 0 时才进行除法运算
            return a // b

def power(a, b):            # 幂运算函数
    """接收一个数值类型的参数 a 和一个整数参数 b,返回 a 的 b 次幂。
    为简化问题,此处不考虑 b 不是整数的情况的处理。
    """
        result = 1
        for i in range(b):
            result = result * a
        return result

def choice_cal(a, operation, b):
    """接收两个参与运算的数值和一个运算符号为参数,根据运算符号选择合适的函数进行
    运算并返回运算结果。
    """
    if operation == '+':                        # 运算符为'+'时,调用加法函数运算
        print(f'{a} + {b} = {add(a, b)}')
    elif operation == '-':                      # 运算符为'-'时,调用减法函数运算
        print(f'{a} - {b} = {subtract(a, b)}')
    elif operation == '*':                      # 运算符为'*'时,调用乘法函数运算
        print(f'{a} x {b} = {multiply(a, b)}')
    elif operation == '/':                      # 运算符为'/'时,调用除法函数运算
        print(f'{a} / {b} = {divide(a, b)}')
    elif operation == '//':                     # 运算符为'//'时,调用整除函数运算
        print(f'{a} // {b}= {floor_divide(a, b)}')
    elif operation == '**':                     # 运算符为'**'时,调用幂函数运算
        print(f'{a} ** {b} = {power(a, b)}')
```

```
else:
    print("运算符号只能是 '+ '、'- '、'* '、'/'、'//'、'* * '之一")


if __name__ == '__main__':              # 使前面定义的函数可以被其他模块调用
    m = eval(input('输入整数、浮点数或复数: '))        # 输入整数、浮点数或
                                                    复数
    sign = input('输入符号: ')                      # 符号 '+ '、'- '、'* '、'/'、
                                                    '//'、'* * '
    n = eval(input('输入整数、浮点数或复数 : '))    # eval()将输入转为可计
                                                    算对象
    choice_cal(m, sign, n)              # 调用函数判定运算类型并进行运算
```

4.8 自定义模块

通过定义函数的形式将功能封装,可以实现程序设计的模块化。模块是扩展名为 PY 的文件,用来从逻辑上组织 Python 代码,主文件名为对应的模块名。若自己定义的函数需要经常被调用,就可以定义一个模块,将函数写在模块里。下次使用这些模块时,导入这个模块就可以调用其中的自定义函数了,引用方法如下。

```
from 目录名 import 模块 as 模块别名
```

当自定义的模块与当前程序文件在相同目录下时,可以直接使用以下方法:

```
import 模块 as 模块别名
```

自定义模块的方法是把需要反复调用的代码定义为函数,将函数调用和输入、输出放到 if __name__ == '__main__': 分支下面。

【例 4-21】 将输出小于 num 的全部素数的程序定义为一个模块,保存为文件 prime.py。

```
def is_prime(num):
    """
    判断一个数是否为素数
    """
    if num < 2:
        return False
    for i in range(2, int(num* * 0.5)+ 1):
```

```
        if num % i = = 0:
            return False
    return True

if __name__ = = '__main__':
    num = int(input("输入一个正整数:"))
    print(f"输出小于{num}的全部素数:")
    for n in range(num):    # 输出小于 num 的全部素数
        if is_prime(n):
            print(n, end= ' ')
```

运行结果:

```
输入一个正整数:50
输出小于 50 的全部素数:
2 3 5 7 11 13 17 19 23 29 31 37 41 43 47
```

当 prime.py 直接运行时,它的 __name__ 属性为'__main__',会执行分支语句中的输入和输出部分。当 prime.py 作为模块的角色被导入某个文件中使用时,它的__name__属性为模块名,此时不执行 if 分支下的语句。用这样的方法编写的程序可以作为模块导入,程序中定义的素数判定函数可以方便地被其他程序引用,用于所有与素数相关的问题。

【例 4-22】 回文素数。输入一个正整数 n,输出 n 至 $n+100$ 之间的所有回文素数。保存为文件 pdprime.py。

回文是指数或者字符串具有首尾回环性质,从后向前按位颠倒后与原文一样。首尾回环的数字就是回文数,如:56765。

Python 中提供了利用切片获得逆序字符串的方法,对于字符串 s,s[-1::-1]结果就是其逆序字符串,例如:'98765'.[-1::-1] 的结果是' 56789 '。将整数转为字符串可以用 str()函数,例如 str(578) 的结果为字符串' 578 ',整数转为字符串后便可以利用切片获得其逆序字符串,进而判定是不是回文字符串。

如果一个整数是素数,同时,其对应的字符串是回文字符串,就称其为回文素数。编写一个程序,调用前面定义好的素数判定函数完成回文素数的判定。

回文素数是指一个数既是素数又是回文数。例如,131 既是素数又是回文数。

```
from prime import is_prime      # 导入当前路径下的模块 prime,引用其中的函数
                                  is_prime

def is_palindrome(num):
    """
    判断一个数是否为回文数
    """
```

```
        return str(num) = = str(num)[::- 1]

# 遍历 num 至 num+ 100 之间的整数 n
# 调用 is_palindrome 函数判定整数字符串是不是回文
# 素数计算量大,先判定回文再判定素数,逻辑运算的短路效应
if __name__ = = '__main__':
    num = int(input("输入一个正整数:"))
    print(f"{num}至{num+ 100}之间的回文素数:")
    for n in range(num, num + 100 + 1):   #
        if is_palindrome(n) and is_prime(n):
            print(n, end= ' ')
```

运行结果:

```
输入一个正整数:100
100 至 200 之间的回文素数:
101 131 151 181 191
```

注意:程序中先判断是不是回文,再判断是不是素数,这样效率高。

程序中定义的回文判定函数可以方便地被其他程序引用,用于所有与回文相关的问题。

如反素数是指一个非回文数字与其逆序数字同时是素数的数字,17 和 71 都是素数且 17 和 71 都不是回文,所以 17 和 71 是反素数。

【例 4- 23】 寻找反素数。输入一个正整数,在一行内从小到大输出小于 N 的反素数,用空格分割。保存为文件 reprime.py。要求程序中导入【例 4- 21】创建的模块 prime,引用其中的素数判定函数 is_prime(n),要求程序中导入【例 4- 22】创建的模块 pdprime,引用其中的回文判定函数 palindrome(n)。

```
from prime import is_prime   # 导入模块 Prime,引用其中的素数判定函数 is_
                              prime(n)
from pdprime import is_palindrome    # 导入模块 pdprime,引用其中的回文判定
                                      函数 is_palindrome(n)

n= int(input("输入一个正整数:"))
print(f"小于{n}的反素数:")
for i in range(1, n):
    re= str(i)[::- 1]
    if is_palindrome(i) = = False and is_prime(i) and is_prime(int(re)):
        print(i,end= " ")
```

运行结果:

```
输入一个正整数:200
小于 200 的反素数:
13 17 31 37 71 73 79 97 107 113 149 157 167 179 199
进程已结束,退出代码 0
```

注意:is_palindrome(i)==False 判定不是回文,但不如 str(i)!=str(i)[:,-1]判定简单,此处仅为介绍如何应用自定义函数。

【例 4-24】 编写函数,接收一个偶数,写出此偶数为哪些两素数之和。保存为文件 sumprime.py。要求程序中导入【例 4-21】创建的模块 prime,引用其中的素数判定函数 is_prime(n)。

```python
from prime import  is_prime   # 导入模块 Prime,引用其中的素数判定函数 is_
                                prime(n)

num = int(input("输入一个正偶数:"))    # 输入一个正整数,此处以输入 88 为例
if num% 2= = 0:
    print(f"偶数{num}为这些两素数之和:")
    for i in range(num // 2 + 1):
        # i 与 num - i 同时是素数,且 i < num - i
        if is_prime(i) and is_prime(num - i):
            print(f"{num} = {i} + {num - i}")
else:
    print(f"{n}不是偶数,输入错误!!!")
```

运行结果:

```
输入一个正偶数:88
偶数 88 为这些两素数之和:
88 = 5 + 83
88 = 17 + 71
88 = 29 + 59
88 = 41 + 47
```

编写复杂软件或接手一个较大软件工程时,离不开多个模块的组合运用,此时要考虑好模块之间的关系搭建和运用,同时遵循以下一些基本的思想。

(1) 模块耦合度要降到最低,尽量少使用全局变量,它会使模块的独立性降低。最大化模块的黏合性,最小化模块的耦合性,尽可能不依赖外部的变量名。每个模块应该少去修改其他模块的变量。

(2) 尽量通过函数参数返回值这类机制去传递结果,而不是进行跨模块的修改,这样做也便于规范化,不易出错,容易理解,有利于后期的维护。

(3) 程序模块化,就是将整个程序,包含该程序需要用到的所有函数、变量、文件、模块等,当作一个整体。只要整个程序内部的相对路径不改变,将程序移植到其他路径执行就不会报错。

本章小结

本章主要讲解了函数的定义、调用、返回值、参数传递、变量作用域、匿名函数和递归等内容。具体内容如下。

(1) 函数是具有某种功能的一系列语句的组合,是模块化程序设计的基本单元,可通过函数名称调用。定义函数时,需要明确指定函数名称、可接受的参数以及实现函数功能的程序语句。函数的定义需放在调用之前。

(2) 将输入、输出和函数调用的语句写在 if_name_=='_main_': 下面,可使程序能够被作为模块导入其他程序中,以重复利用其中的函数和方法。

(3) 匿名函数是一个没有函数名字的临时使用的小函数,用 lambda 创建的匿名函数经常被用作函数的参数传递,例如,作为排序关键字。

(4) 递归是指在函数的定义中使用函数自身的方法,把规模大的问题转化为规模小的相似的子问题来解决。递归可求解的问题都可以用循环求解。

本章练习

在空格中填上适当的内容,使程序能顺利完成指定要求:

(1) 根据输入参数(行数)不同,输出下面图形。

```
   *
  * *
 * * * * *
* * * * * * *
```

```
def PrintTriangle(num):# 定义函数
    z = 1
    for x in range(num):
        for y in range(num - 1 - x):# 三角形前面的空格
            print(" ", end= "")
        for m in range(z):# 三角形的* 数
            _____
        z += 2
        print("\n")

PrintTriangle(int(input('请输入行数:')))
```

(2) 编写调用递归函数 f(n)输出斐波那契数列 f(0)—f(num)的所有值。

```
def f(n):
    if n< = 1:
        return n
    else:
        return _____

num= int(input('需要输出项的数目:'))
if num< 0:
    print('请输入正数: ')
else:
    print('斐波那契数列为:')
    for n in range(num):
        print(f(n))
```

(3) 编写程序,从键盘输入一个整数,判断其是否为完全数。所谓"完全数",是指该数的各因子(除该数本身外)之和正好等于该数本身,例如:6＝1＋2＋3,28＝1＋2＋4＋7＋14。

分析:在这个函数中,我们首先判断输入的数是否小于等于0,负数和零都不会被认为是完全数。然后,我们通过遍历从1到该数之间的所有整数,找出能够整除该数的因子,并将这些因子保存在一个列表中。最后,我们将这些因子的和与该数进行比较,如果相等,则说明该数是一个完全数。

```
def is_perfect_number(num):
    if num < = 0:
        return False    # 负数和零都不会被认为是完全数
    sum = 0
    for i in range(1, num):
        if _____     # 如果 i 是 num 的因子
            sum + = i
    if sum= = num:
        return True
    else:
        return False

num = int(input("请输入一个整数:"))
if is_perfect_number(num):
    print(f"{num} 是一个完全数")
else:
    print(f"{num} 不是一个完全数")
```

(4) 编写程序,从键盘输入参数 x 和 n,计算并显示形如 $x＋xx＋xxx＋xxxx＋$

$xxxxx+x……x+$ 的表达式前 n 项的值。

```
def function(x, n):
    flag = 0
    m = x
    sum = int(0)
    for i in range(1, n + 1):
        _____
        if flag = = 0:
            print(m, end= " ")
        else:
            print(f"+ {m}", end= " ")
        m = 10 * m + x
        flag + = 1
    return sum

n, x = map(int, input("请输入参数 x 和 n,用空格间隔:").split())
print(f"= {function(x, n)}")
```

运行如下：

```
请输入参数 x 和 n,用空格间隔:6 8
8 + 88 + 888 + 8888 + 88888 + 888888 = 987648

进程已结束,退出代码 0
```

(5) 编写程序，从键盘输入参数 n，计算并显示表达式 $1+1/2-1/3+1/4-1/5+1/6+…+(-1)n/n$ 的前 n 项之和。

```
def drab_sum(n):
    sum1 = 1    # 奇数项和
    sum2 = 0    # 偶数项和
    if n % 2 = = 0:
        for i in range(2,n+ 1,2):
            sum1 + = _____
    if n % 2 ! = 0:
        for i in range(3,n+ 1,2):
            sum2 + = 1 / i
    return sum1—sum2

m = int(input('请输入一个正整数:'))
```

113

```
if m> 0:
    n = drab_sum(m)
    print(n)
```

（6）王军在商场购买 167 元商品，货币面值有 20 元、10 元、2 元、1 元，按付款货币数量最少原则，王军需要付给商场多少数量的货币？

```
money= 167
num = 0
for m in (20,10,2,1):
    if money >= m:
        num += _____
        print(f"{money// m}张{m}元")
        money %= m
    else:
        continue
print(f"最少需要{num}张货币")
```

第5章 字符串

学习目标

掌握字符串创建的方法。
理解重点转义字符。
掌握字符串格式化方法。
熟练掌握字符串的基本操作。
掌握字符串的处理函数和方法。

Python将字符串视为一连串的字符组合,其中字符可以是数字、大小写字母、符号和汉字等,如"Hello,Charlie"是一个字符串,"123456"或"你好,Python。"也是一个字符串。Python要求字符串必须使用引号括起来,而且两边的引号成对出现。

5.1 字符串的创建

5.1.1 定义字符串

(1) 将字符放在成对的引号中

字符串(string)就是若干个字符的集合。Python中用引号创建字符串的方法有三种。
① 使用单引号包含字符,例如:' abc ',' 123 '。
② 使用双引号包含字符,例如:"abc","123abc"。
③ 使用三引号(三对单引号或者三对双引号)包含字符,例如:''' abc ''',"""123Abc"""。
三引号能包含多行字符串,其中可以包含换行符、制表符等特殊字符,进行格式化输出,代码如例5-1所示。

【例5-1】 引号创建字符串的创建代码示例。

```
str1 = '数风流人物,还看今朝。'   # 单引号
str2 = "Truth will prevail"   # 双引号
print(str1)
print(str2)
```

```
# 三单引号 包含换行符\n 和制表符\t
str3 = '''恰同学少年,风华正茂;\n\t\t\t\t 书生意气,挥斥方遒。'''
# 三双引号 包含换行符\n
str4 = """        劝学 [唐] 颜真卿
三更灯火五更鸡,正是男儿读书时。
黑发不知勤学早,白首方悔读书迟。
"""
print(str3)
print(str4)
```

输出结果:

```
数风流人物,还看今朝。
Truth will prevail
恰同学少年,风华正茂;
    书生意气,挥斥方遒。
        劝学 [唐] 颜真卿
三更灯火五更鸡,正是男儿读书时。
黑发不知勤学早,白首方悔读书迟。
```

(2) 用 str() 函数返回字符串

str()函数的作用是将其他类型的数据转换为字符串类型。在 Python 中,有很多数据类型,比如整数、浮点数、布尔值、列表、元组、字典等,但是它们都不能直接用于字符串操作。因此,我们需要使用 str() 函数将它们转换为字符串类型,才能进行字符串操作。

str()的语法如下:

```
str(object= '',encoding= utf- 8,errors= 'strict')
```

函数包括三个默认值参数,参数为空则返回空字符串。其中,object 是要转换为字符串类型的数据;encoding 是编码方式,默认为 utf-8;errors 是错误处理方式,默认为 strict。encoding 或 errors 均省略时,str(object)返回 object 对象的"非正式"或格式良好的字符串表示,encoding 或 errors 至少给出其中之一时,object 对象应该是一个字节类对象,如 bytes 或 bytearray,此时将 object 对象用 encoding 指定的编码读取二进制流的内容。

```
print(str(1234))     # 整数转字符串'1234'
print(str(1.234))    # 浮点数转字符串'1.234'
# 将布尔值转换为字符串类型
a = True
b = str(a)
```

```
print(b)# 输出:'True'
# 将列表转换为字符串类型
a = [1,2,3]
b =  str(a)
print(b) # 输出:'[1,2,3]'
```

5.1.2 转义字符

当用单引号和双引号来创建字符串,而字符串的内容中又包含了单引号或双引号时,不进行特殊处理,这会导致程序出现错误。解决方法有两种:使用不同的引号将字符串括起来和使用转义字符对引号进行转义。

(1) 使用不同的引号将字符串括起来

假如字符串内容中包含了单引号,则可以使用双引号将字符串括起来。例如:str3='I'm a coder'。字符串中的字符包含了单引号,此时Python会将字符中的单引号与第一个单引号配对,这样就会把'I'当成字符串,而后面的'm a coder'就变成了多余的内容,从而导致语法错误。为了避免这种问题,可以将上面代码改为如下形式:

```
str3= "I'm a coder"
```

上面代码使用双引号将字符括起来,此时Python就会把字符中的单引号当成字符串内容,而不是和字符的引号配对。假如字符串中的字符包含双引号,则可使用单引号将字符括起来。

(2) 使用转义字符对引号进行转义

Python允许使用反斜杠符(\)将字符串中的特殊字符进行转义。若字符串既包含单引号,又包含双引号,则必须使用转义字符,例如:

```
str5= '"we are scared Let\'s hide in the shade" says the bird'
```

Python中的转义符号如表5-1所示。

表5-1　　　　　　　　　　　　转　义　字　符

转 义 字 符	描　　述	转 义 字 符	描　　述
\(在行尾时)	续行符	\a	响铃
\\	反斜杠符	\b	退格(Backspace)
\'	单引号	\xyy	\x开头十六进制数
\"	双引号	\000	空

续表

转义字符	描述	转义字符	描述
\n	换行	\f	换页
\v	纵向制表符	\ooo	ooo 是八进制 ASCII 码
\t	横向制表符	\e	转义
\r	回车	\other	其他的字符以普通格式输出

下面挑选几个常用的转义字符进行讲解
① 换行字符(\n)
下面的示例是在字符串内使用换行字符(\n)。

```
a= "天若有情天亦老,\n    人间正道是沧桑。"
print(a)
```

输出结果：

```
天若有情天亦老,
    人间正道是沧桑。
```

② 双引号(")
下面的示例是在字符串内使用双引号(")：

```
a= "作者起笔说:\"水陆草木之花,可爱者甚蕃。\""
print (a)
```

输出结果：

```
作者起笔说:"水陆草木之花,可爱者甚蕃。"
```

③ 各进制的 ASCII 码
下面的示例显示十六进制数值是 48 的 ASCII 码：

```
a= "\x48"
print(a)
print(ord(a))      # 4* 16+ 8= 72
```

十六进制数 48 是十进制数 72,72 是"H"的 ASCII 码,输出结果：

```
H
72
```

下面的示例显示八进制数值 103 的 ASCII 码：

```
a= "\103"
print(a)
print(ord(a))    # 1* 8* 8+ 3= 67
```

输出结果：

```
C
67
```

④ 加入反斜杠字符

如果需要在字符串内加上反斜杠字符，就必须在字符串的引号前面加上"r"或"R"字符。下面的示例是字符串包含反斜杠字符。

```
print (r"\d")
print (R"\e,\f,\n\xfhf")
```

输出结果。

```
\d
\e,\f,\n\xfhf
```

5.2 字符串的处理

5.2.1 字符串基本操作

(1) 字符串的存储和访问

Python 不支持单字符类型，单字符在 Python 中也是作为字符串使用。Python 中字符串以索引的方式存储，如果要访问字符串中的某个字符，则需要使用下标来实现。例如，字符串 s="Good morning"，在内存中的存储方式如图 5-1 所示。

正向索引	0	1	2	3	4	5	6	7	8	9	10	11
字符串	G	o	o	d		m	o	r	n	i	n	g
负向索引	−12	−11	−10	−9	−8	−7	−6	−5	−4	−3	−2	−1

图 5-1 字符串 s="Good morning"

在内存中的存储方式是字符串中的每个字符都对应着两套编号：正索引和负索引。

① 正索引：从左到右从 0 开始，并且依次递增 1，这个编号就是下标。如果要访问字符串中的某个字符，则可以使用下标获取。例如，访问下标为 2 的字符 o，可以用 s[2] 来访问。

② 负索引：从右往左从－1 开始，并且依次递减 1。s 变量的负索引从右往左即－1 到－12。例如，访问字符 d，还可以用 s[－9]来访问。

【例 5-2】 正负索引应用。

```
a= "Good morning"
print(a[3])         # 输出 d
print(a[- 3])       # 输出 i
b= "自古英雄出少年"
print(b[5])         # 输出 少
print(b[- 5])       # 输出 英
```

(2) 字符串的切片

如果想获取字符串的某一部分内容，可以通过切片的方式来进行截取。Python 中字符串切片语法如下：

```
string[ start :end :step]
```

start：切片起始位置的索引，可以用正、负索引值表示。

end：切片终止位置的索引，可以用正、负索引值表示。

step：步长，表示切片索引的增、减值，默认为 1，切片时前一个字符切完直接切片后一个字符，直到切片到终止位置的字符为止。可取正整数 1、2、3……，也可是负整数－1、－2、－3……，切片间隔数分别为 0、1、2……以此类推。

切片时需要注意的四条规则具体如下。

① 范围。切片时包含起始位置字符，不包含终止位置字符，例如，a[0:3]的切片结果是 Goo，不包含 d。

② 省略。省略起始位置的索引，默认从第一个字符开始切片，例如，a[:3]的切片结果仍是 Goo。省略终止位置的索引，默认从起始位置开始，切完为止，例如，a[1:]的切片结果是 ood morning。

③ 越界。起始位置的索引越界，默认返回空字符串，例如，a[100:6]返回空字符串。终止位置的索引越界，默认从起始位置开始，切完为止，例如，a[1:100]的切片结果是 Good morning。

④ 步长。省略不写时默认值为 1，理解步长要从两个方面入手。

a. 步长的正负：决定切片的方向。步长为正数，从左往右切片，正方向切片；步长为负数，从右往左切片，负方向切片。例如，a[1:3:1]的切片结果是 oo，而 a[3:1:－1]的结果是 do。

b. 步长的绝对值：决定切片的间隔数。绝对值为 1 时，切片间隔数为 0，也就是一个挨着一个切片；绝对值为 2 时，切片间隔数为 1，也就是间隔一个字符再切；后面以此类推。例如，

a[0:5:2]的结果是 Go 而 a[0:5:3]的结果是 Gd。

字符串的切片操作规则较为复杂,在进行切片操作时,需要注意使用规范,代码如例 5-3 所示。

【例 5-3】 字符串切片操作的代码示例。

```
a= "Good morning"
print(a[0:3],' ',a[:3] ) # Goo    Goo
print(a[1:])   # ood morning。
print(a[100:6])
print(a[1:100])   # ood morning
print(a[1:7:1],' - ',a[7:1:- 1]) # ood mo -    rom do
print(a[0:5:2],' - ',a[0:5:3])  # Go   -    Gd
String = 'Believe in yourself'
print(String[- 1])   #  f
print(String[5])   # v
print(String[3])   # i
print(String[0:5:1])   # Belie
print(String[0:5:2])   # Ble
print(String[- 7:- 3:1])   # ours
print(String[- 3:- 7:- 1])   # esru    注意- 1
```

切片的方式灵活多变,后续的列表和元组也会有相同的切片操作,规则和字符串的切片操作是一样的。

如果省略开始索引值,分割字符串就由第一个字符到结尾索引值。例如:

```
a= "All things come to those who wait."
print(a[:10:1])   # All things
b= "锲而不舍,金石可镂。"
print(b[:5])    # 锲而不舍,
print(b[:7])    # 锲而不舍,金石
```

如果省略结尾索引值,分割字符串就是开始索引值对应的字符到最后一个字符。例如:

```
a= "All things come to those who wait."
print(a[0::])   # All things come to those who wait.
print(a[4::])   # things come to those who wait.
b= "锲而不舍,金石可镂。"
print(b[0::])   # 锲而不舍,金石可镂。
print(b[5::])   # 金石可镂。
```

121

省略开始索引值与结尾索引值时,分割字符串则是第一个字符到最后一个字符。例如:

```
a= "All things come to those who wait."
print(a[::])   #  All things come to those who wait.
b= "锲而不舍,金石可镂。"
print(b[::])   # 锲而不舍,金石可镂。
```

Python 不支持单字符类型,单字符在 Python 中也是作为一个字符串使用的。

(3) 更新字符串

默认情况下,字符串被设置后就不可以直接修改。一旦直接修改字符串中的字符,就会弹出错误信息。例如:

```
str= "锲而不舍,金石可镂。"
str[5] = "钻"
```

输出错误信息:TypeError:'str'object does not support item assignment。

如果一定要修改变量值,就可以使用赋字符串值的方法,进行更新操作。例如:

```
str= "锲而不舍,金石可镂。"
print(str,id(str))
str= str[:5] + "钻" + str[6:]
print(str)# 锲而不舍,钻石可镂。
print(str,id(str))
```

运行结果如下:

```
锲而不舍,金石可镂。2989338814064
锲而不舍,钻石可镂。
锲而不舍,钻石可镂。2989338819344
```

id(str)变了,str 变量绑定了不同的对象,而不是把原对象"锲而不舍,金石可镂"改为了"锲而不舍,钻石可镂"。

(4) 连接字符串

使用加号(+)运算符可以将两个字符串连接起来,成为一个新的字符串。例如:

```
a= "不积跬步" +  "无以至千里"
print(a)       # 不积跬步无以至千里
```

(5) 重复字符串

使用乘号(*)运算符可以将一个字符串的内容复制数次,成为一个新的字符串。例如:

```
str= "不忘初心 砥砺前行 " * 3
print(str)   # 不忘初心 砥砺前行 不忘初心 砥砺前行 不忘初心 砥砺前行
```

(6) 比较字符串

使用大于(>)、等于(==)和小于(<)逻辑运算符比较两个字符串的大小。首先比较两个字符串中的第一个字符,如果相等则继续比较下一个字符,一次次比较下去,直到两个字符串中的字符不相等时,其比较结果就是两个字符串的比较结果,后续字符将不再被比较。

分析:两字符进行比较时,比较的是其编码,调用内置函数 ord 可以得到指定字符的编码。与内置函数 ord 对应的是内置函数 chr,调用内置函数 chr 时,指定编码可以得到其对应的字符。

```
print('字符及对应编码:')
for c in 'abcdefgh':
    print(c,ord(c),end= ' - - ')
print()
for i in range(ord('a'),ord('i')):
    print(i,chr(i),end= ' * * ')
print()
for c in '振兴中华':
    print(c,ord(c),end= ' - - ')
```

运行结果:

```
字符及对应编码:
a 97 - -  b 98 - -  c 99 - -  d 100 - -  e 101 - -  f 102 - -  g 103 - -  h 104 - -
97 a * *  98 b * *  99 c * *  100 d * *  101 e * *  102 f * *  103 g * *  104 h * *
振 25391 - -  兴 20852 - -  中 20013 - -  华 21326 - -
```

字符串比较:

```
# 字符串的比较操作
print(ord('a'), ord('b'))  # 97 98
print(chr(97), chr(98))   # a b
print('apple' > 'app')    # True
print('apple' > 'banana')  # False,97> 98 吗
print(ord('周'), ord('王'))  # 21608  29579
a = "red"
b = "purple"
print(ord('r'), ord('p'))   # 114 112
```

```
print(a > b)    # True
print(a = = b)  # False
print(a < b)    # False
a = "91"
b = "1101"
print(ord('9'), ord('1'))  # 57 49
print(a > b)    # True
print(a = = b)  # False
print(a < b)    # False
```

(7) in 和 not in 运算符

使用 in 或 not in 运算符测试某个字符串是否存在于另一字符串内。

【例 5-4】 综合应用算术运算符。

```
a = "少年辛苦终身事,"
b = "莫向光阴惰寸功。"
print("a + b 输出结果:", a + b)
print("a * 2 输出结果:", a * 2)
print("a= = b 输出结果:", a = = b)
if ("少年" in a):    # 使用 in 关键词
    print(f'"少年"在"{a}"中')
else:
    print(f'"少年"不在变量"{a}"中')
if ("时间" not in b):   # 使用 not in 关键词
    print(f'"时间"不在"{b}"中')
else:
    print(f'"时间"在"{b}"中')
```

保存并运行程序,输出结果：

```
a + b 输出结果:少年辛苦终身事,莫向光阴惰寸功。
a * 2 输出结果:少年辛苦终身事,少年辛苦终身事,
a= = b 输出结果:False
"少年"在"少年辛苦终身事,"中
"时间"不在"莫向光阴惰寸功。"中
```

5.2.2 字符串常量

Python 内置了一些字符串常量,如 string.octdigits 代表"01234567",可用于测试一个字符是不是属于"01234567"这个字符集。在使用字符串常量时,需先执行 import string,最常用

的字符串常量如程序中所示。

```
import string

print("所有的小写字母",string.ascii_lowercase)
print("所有的大写字母",string.ascii_uppercase)
print("ASCII 中的所有字母",string.ascii_letters)
print("所有的数字",string.digits)
print("所有的十六进制字符",string.hexdigits)
print("所有的所有的八进制字符",string.octdigits)
print("所有的标点符号字符",string.punctuation)
print(f"所有的可打印的 ASCII 字符\n",string.printable)
```

运行结果：

```
所有的小写字母 abcdefghijklmnopqrstuvwxyz
所有的大写字母 ABCDEFGHIJKLMNOPQRSTUVWXYZ
ASCII 中的所有字母 abcdefghijklmnopqrstuvwxyzABCDEFGHIJKLMNOPQRSTUVWXYZ
所有的数字 0123456789
所有的十六进制字符 0123456789abcdefABCDEF
所有的所有的八进制字符 01234567
所有的标点符号字符 !"# $ % &'()* + ,- ./:;< = > ? @ [\]^_`{|}~
所有的可打印的 ASCII 字符
0123456789abcdefghijklmnopqrstuvwxyzABCDEFGHIJKLMNOPQRSTUVWXYZ!"   #
$ % &'()* + ,- ./:;< = > ? @ [\]^_`{|}~
```

【例 5-5】 分类统计字符。

```
s = input("请输入一串字符:")

num, char, space, other = 0, 0, 0, 0        # 分别统计数字、字母、空格、其他字符
                                              个数

for i in s:
    if i.isdigit():   # 是否为数字
        num + = 1
    elif i.isalpha():# 是否为字母
        char + = 1
    elif i = = ' ':
        space + = 1
```

125

```
        else:
            other + = 1
    print("数字 ",num)
    print("字符 ",char)
    print("空格 ",space)
    print("其他 ",other)
```

运行结果：

```
请输入一串字符:343ff 6@！6＃%
数字    5
字符    2
空格    2
其他    4
```

5.2.3 字符的编码

Python 支持中文，默认使用 UTF-8 编码。

在 UTF-8 编码环境下，任何一个数字、英文字母、汉字都按一个字符进行处理。ord()函数是用来返回单个字符的 ASCII 值(0-255)或者是 UTF-8 编码。对应的 chr()函数是把一个整数转化为对应的符号。

```
s1= "上海,美丽的城市"
print(s1,"长度:",len(s1))    # 长度 8
s2= "Hi! 上海"
print(s2,"长度:",len(s2))    # 长度 10
for c in s2:
    print(c,"- - ",ord(c),end= " ")
print()       # 换行
for c in s2:
    print(ord(c),"= = ",chr(ord(c)),end= " ")    # chr(ord(c))就是 c
```

运行结果：

```
上海,美丽的城市 长度：8
Hi! 上海 长度：5
H - - 72   i - - 105   ! - - 33   上 - - 19978   海 - - 28023
72 = = H   105 = = i   33 = = !   19978 = = 上   28023 = = 海
```

【例 5-6】 加密字符串。将字符串中的每一个英文字符循环替换为字母表序列中该字符后面的第 n 个字符,其余字符不用进行加密处理。如 $n=3$,字母表的对应关系如下:

原文序列:A B C D E F G H I J K L M N O P Q R S T U V W X Y Z
替换序列:D E F G H I J K L M N O P Q R S T U V W X Y Z A B C

方法一:

利用 chr((ord(c) − 65 + n) % 26 + 65)这个表达式将大写字母 c 向前移动 n 个位置。如果 c = 'A' 且 n = 3,则结果为'D'。

利用 chr((ord(c) − 97 + n) % 26 + 97)这个表达式将小写字母 c 向前移动 n 个位置。如果 c = 'a' 且 n = 3,则结果为'd'。

```
def encrypt_string(s, n):
    result = ""
    for c in s:
        if c.isalpha():
            if c.isupper():
                result += chr((ord(c) - 65 + n) % 26 + 65)
            else:
                result += chr((ord(c) - 97 + n) % 26 + 97)
        else:
            result += c
    return result

s = input("请输入想要加密的句子:")
n = int(input("请输入移位数量(n):"))
encrypted_s = encrypt_string(s, n)
print("加密后的字符串:\n",encrypted_s)  # 输出加密后的字符串
```

chr((ord(c) − 65 + n) % 26 + 65)这个表达式将大写字母 c 向前移动 n 个位置,让我们逐步解释这个表达式:

(1) ord(c):这将字符 c 转换为其 ASCII 值。例如,ord('A')返回 65,ord('B')返回 66,依此类推。

(2) ord(c)−65:这将字符 c 的 ASCII 值减去 65,使其范围在 0 到 25 之间。这样做是为了方便我们对 26 进行模运算。

(3) + n:这将上述结果加上一个整数 n,表示字母表中向前移动的位置数。

(4) % 26:这执行模运算,确保结果仍在 0 到 25 的范围内。这确保了我们不会超出字母表的边界。

(5) + 65:这将结果加回 65,使其再次成为 A~Z 范围内的 ASCII 值。

(6) chr(...):这将上述的 ASCII 值转换回字符。

方法二:

127

根据偏移量 num 得到大写字母替换序列 alter_letter1 和小写字母替换序列 alter_letter2，再根据明文字符 c 找到 c 在字母序列中的序号，根据序号到替换序列找到加密后的字母。

```python
letter1 = 'ABCDEFGHIJKLMNOPQRSTUVWXYZ' # 大写字母序列
letter2 = 'abcdefghijklmnopqrstuvwxyz' # 小写字母序列
num = int(input('输入整数偏移量：'))   # 输入整数偏移量
alter_letter1 = letter1[num:] + letter1[:num]# 大写字母替换序列
alter_letter2 = letter2[num:] + letter2[:num]# 小写字母替换序列
plaincode = input('输入欲加密的字符串：')    # 输入的明文字符串
ciphertext = ''           # 空字符串,用于存放加密字符串
for c in plaincode:       # 遍历输入的明文字符串
    n = letter1.find(c)   # 返回 c 在 字符串 letter1 中的位置序号,找不到时返
                          # 回-1
    m = letter2.find(c)   # 返回 c 在 字符串 letter2 中的位置序号,找不到时返
                          # 回-1
    if n==-1 and m==-1:   # 表示字符 c 在序列 letter1 和 letter2 中不
                          # 存在,不是字母
        ciphertext = ciphertext + c    # 将原字符拼接到 ciphertext 上
    else:
        if n > -1:   # 字符为大写字母时,用序列 alter_letter1 中对应位置的
                     # 字母替换
            ciphertext = ciphertext + alter_letter1[n]
                                       # 将替换的字符拼接到 ciphertext
        else:   # 字符为小写字母时,用序列 alter_letter2 中对应位置的字母替换
            ciphertext = ciphertext + alter_letter2[m]
                                       # 将替换的字符拼接到 ciphertext
print("加密后的字符串:",ciphertext) # 输出加密后的字符串
```

运行结果：

```
输入整数偏移量：4
输入欲加密的字符串：I love CHINA
加密后的字符串：M pszi GLMRE
```

5.3 内置的字符串方法

在 Python 中,内置字符串的方法有很多,主要是因为字符串中的 string 模块中继承了很多方法,本节对几种常用的方法进行讲解。

(1) isalnum()方法

isalnum()方法检测字符串是否由字母和数字组成,其语法格式如下:

```
str.isalnum()
```

如果字符串中至少有一个字符并且所有字符都是字母或数字,就返回 True;否则就返回 False。例如:

```
str1 = "Whateverisworthdoingisworthdoingwell"  # 字符串没有空格
print (str1.isalnum())
str1= "Whatever is worth doing is worth doing well"# 这里添加了空格
print (str1.isalnum())
```

输出结果:

```
True
False
```

(2) join()方法

join()方法用于将序列中的元素以指定的字符连接生成一个新的字符串。join()方法的语法格式如下:

```
str.join(sequence)
```

其中,sequence 为要连接的元素序列。例如:

```
s1 = '-'
s2 = "*"
s3 = "#"
e1 = ("黄","沙","百","战","穿","金","甲")   # 字符串序列
e2 = ("不","破","楼","兰","终","不","还")   # 字符串序列
print(s1.join(e1))
print(s2.join(e2))
print(s3.join(e2))
```

输出结果:

```
黄-沙-百-战-穿-金-甲
不*破*楼*兰*终*不*还
不#破#楼#兰#终#不#还
```

被连接的元素必须是字符串,如果是其他的数据类型,运行时就会报错。

(3) isalpha()方法

isalpha()方法检测字符串是否只由字母或汉字组成。如果字符串至少有一个字符并且所有字符都是字母或汉字,就返回 True;否则就返回 False。isalpha()方法的语法格式如下:

```
str.isalpha()
```

例如:

```
str1 = "Sun 千里之行"
print (str1.isalpha())    # True
s1 = "KEEP"
print (s1.isalpha())    # True
s1 = "千里之行始于足下"
print (s1.isalpha())    # True
s1 = "KEEP ON GOING,NEVER GIVE UP."
print (s1.isalpha())    # False   有空格 有标点符号
s1 = "KEEP ON GOING"
print (s1.isalpha())    # False   有空格
str1 = "abcd56ef"
print (str1.isalpha())    # False   有数字
```

(4) isdigit()方法

isdigit()方法检测字符串是否只由数字组成。如果字符串中只包含数字,就返回 True;否则就返回 False。isdigit()方法的语法格式如下:

```
str.isdigit()
```

例如:

```
str1 = "123456789"
print (str1.isdigit())    # True
str1 = "Sun123456789"
print (str1.isdigit())    # False
str1 = "12 3456789"
print (str1.isdigit())    # False   因为有空格
```

(5) replace()方法

replace()方法用于把字符串中的旧字符串替换为新字符串。replace()方法的语法格式如下:

```
str.replace(old, new[, max])
```

其中，old 为将被替换的子字符串；new 为新字符串，用于替换 old 子字符串；max 为可选参数，表示替换不超过 max 次。例如：

```
s= "正在读《三国》"
print(s.replace("三国","论语"))
s= "一片两片三四片 五片六片七八片"
print(s.replace("片","?",2))
print(s.replace("片","* ",4))
print(s.replace("片","朵",6))
print(s.replace("片","本"))
```

输出结果如下所示。从结果可以看出，若制定第三个参数，则替换从左到右进行，替换次数不能超过指定的次数；若不指定第三个参数，则所有匹配的字符都将被替换。

```
正在读《论语》
一? 两? 三四片 五片六片七八片
一* 两* 三四*  五* 六片七八片
一朵两朵三四朵 五朵六朵七八朵
一本两本三四本 五本六本七八本
```

(6) 字母大小写变换：lower()、upper()、title()、swapcase()方法

① lower()方法用于将字符串中的所有大写字母转换为小写字母，转换完成后，该方法会返回新得到的转换为小写的字符串。如果字符串中原本就都是小写字母，则该方法会返回原字符串。

② upper()方法的功能和 lower()方法恰好相反，它用于将字符串中的所有小写字母转换为大写字母，即如果转换成功，则返回小写变大写之后的新字符串；如果原字符串字母都是大写，则返回字符串与原字符串一样。

③ title()方法用于将字符串中每个英文单词的首字母转为大写，其他字母全部转为小写，转换完成后，此方法会返回转换得到的字符串。如果字符串中没有需要被转换的字符，此方法就会将字符串原封不动地返回。

④ swapcase()方法是将字符串中大写字母转换为小写字母，同时把小写字母转换为大写字母。

注意，以上四种方法相当于创建了一个原字符串的副本，将转换后的新字符串返回，而不会修改原字符串。

```
s1 = "Keep on going,never give up."
print ('原始的字符串:',s1)
```

```
print ('lower()转换后的字符串:',s1.lower())
print ('upper()转换后的字符串:',s1.upper())
print ('title()转换后的字符串:',s1.title())
print ('swapcase()转换后的字符串:',s1.swapcase())
```

运行结果:

```
原始的字符串: Keep on going,never give up.
lower()转换后的字符串: keep on going,never give up.
upper()转换后的字符串: KEEP ON GOING,NEVER GIVE UP.
title()转换后的字符串: Keep On Going,Never Give Up.
swapcase()转换后的字符串: kEEP ON GOING,NEVER GIVE UP.
```

(7) capitalize()方法

capitalize()方法将字符串的第一个字符转化为大写,其他字符转化为小写。capitalize()方法的语法格式如下:

```
str.capitalize()
```

其中,str 为需要转化的字符串。例如:

```
str = "i can because I think I can"
tt = str.capitalize()
print (tt)
```

输出结果:

```
I can because i think i can
```

特别需要注意的是,如果字符串的首字符不是字母,那么该字符串中的第一个字符不会转换为大写,而是转换为小写。

例如:

```
str = "123 I can because I think I can"
print(str.capitalize())
str = "@  I can because I think I can"
print(str.capitalize())
```

输出结果:

```
123 i can because i think ican
@  i can because i think i can
```

(8) split()方法

split()方法可以将一个字符串按照指定的分隔符切分成多个子字符串,这些子字符串会被保存到列表中(不包含分隔符),作为返回值反馈回来。该方法的基本语法格式如下:

```
str.split( sep= None,maxsplit)
```

此方法中各参数的含义如下。

① str:表示要进行分割的字符串。

② sep:用于指定分隔符,可以包含多个字符。此参数默认为 None,表示所有空字符,包括空格、换行符(\n)、制表符(\t)等。

③ maxsplit:可选参数,用于指定分割的次数,最后列表中子字符串的个数最多为 maxsplit+1。如果不指定或指定为-1,则表示分割次数没有限制。

【例 5-7】 使用 split()方法进行字符串转换的代码示例。

```
study_str= "2023 02 24"
a= study_str.split()
print(a)                  # ['2023', '02', '24']
study_str= "2023- 02- 24"
a= study_str.split("- ")
print(a)                  # ['2023', '02', '24']
```

(9) strip()、ltrip()、rstrip()方法

用户输入数据时,可能无意中输入多余的空格,或在一些场景中,字符串前后不允许出现空格和特殊字符,此时需要去除字符串中的空格和特殊字符。这里的特殊字符,指的是制表符(\t)、回车符(\r)、换行符(\n)等。Python 中,字符串变量提供 3 种方法来去除字符串中多余的空格和特殊字符,它们分别如下。

① strip()方法:去除字符串前后(左右两侧)的空格或特殊字符,返回去除之后生成的新字符串,原字符串不变。

② lstrip()方法:去除字符串前面(左侧)的空格或特殊字符。返回去除之后生成的新字符串,原字符串不变。

③ rstrip()方法:去除字符串后面(右侧)的空格或特殊字符。返回去除之后生成的新字符串,原字符串不变。

三种方法的基本语法格式如下:

```
str.strip(chars)
str.lstrip(chars)
str.rstrip(chars)
```

其中,str：表示要进行字符去除的字符串；chars：去除字符串头、尾指定的字符序列。

【例 5-8】 使用 strip()、lstrip() 和 rstrip() 方法去除多余字符的代码示例。

```
str1= "  study  "
print(str1.strip())        # 'study'
str1= "*** study*** "
print(str1.strip('*') )    # 'study'
print(str1.lstrip('*'))    # 'study***'
print(str1.rstrip('*'))    # '*** study'
print(str1)                # '*** study*** '    不变
str1= "/** study**/"       # str1 重新绑定
print(str1.strip('*/') )   # 'study'
print(str1.lstrip('*/'))   # 'study**/'
print(str1.rstrip('*/'))   # '/** study'
print(str1)                # '/** study**/'    不变
```

注意，Python 的 str 是不可变的（不可变的意思是指，字符串一旦形成，它所包含的字符序列不能发生任何改变），因此这三种方法相当于只是返回字符串前面或后面字符被去除之后的副本，并不会改变字符串本身。

(10) count() 方法

count() 方法用于统计字符串里某个字符出现的次数，可选参数为在字符串搜索的开始与结束位置。count() 方法的语法格式如下：

```
str.count(sub, start= 0,end= len(str))
```

其中，sub 为搜索的子字符串；start 为字符串开始搜索的位置，默认为第一个字符，第一个字符索引值为 0；end 为从开始位置起一共搜索的字符长度，默认为字符串的长度。例如：

```
str= "The best preparation for tomorrow is doing your best today"
s= 'b'
print ("字符 b 出现的次数为:",str.count(s))
s= 'best'
print ("best 出现的次数为:",str.count(s,0,6))
print("best 出现的次数为:" ,str.count(s,0,40))
print ("best 出现的次数为:",str.count(s,0,80))
```

输出结果：

```
字符 b 出现的次数为: 2
best 出现的次数为: 0
```

```
best 出现的次数为：1
best 出现的次数为：2
```

(11) find()方法

find()方法检测字符串中是否包含子字符串。如果包含子字符串，就返回开始的索引值；否则就返回-1。

find()方法的语法格式如下：

```
str.find(string1, begin= 0, end= len(str))
```

其中，string1 为指定检索的字符串；begin 为开始索引，默认为 0；end 为结束索引，默认为字符串的长度。例如：

```
str1 = "青海长云暗雪山,孤城遥望玉门关。"
str2 = "玉门关"
print (str1.find(str2))   # 12
print (str1.find(str2,10))   # 12
print (str1.find(str2,13,15))   # - 1
s1 = "KEEP ON GOING,NEVER GIVE UP."
s2 = "Ee"
# 都不转化为小写,找不到匹配的字符串
print(s1.find(s2))   # - 1 没找到
# 被查找字符串转化为小写,找不到匹配的字符串
print(s1.lower().find(s2))   # - 1 没找到
# 全部转化为小写,找到匹配的字符串
print(s1.lower().find(s2.lower()))   # 1   找到 ,匹配位置从 1 开始
```

(12) index()方法

Index()方法检测字符串中是否包含子字符串。如果包含子字符串，就返回开始的索引值；否则就会报一个异常。

Index()方法的语法格式如下：

```
str.index(string1,beg= 0, end= len(str))
```

其中，string1 为指定检索的字符串；beg 为开始索引，默认为 0；end 为结束索引，默认为字符串的长度。例如：

```
str1 = "青海长云暗雪山,孤城遥望玉门关。"
str2 = "玉门关"
print (str1.index(str2))        # 输出 12
```

```
print (str1.index(str2,10))      # 输出 12
# 下句因为 str2 不在 str1 中,就会报一个异常:
print (str1.index(str2,13,15))   # ValueError: substring not found
```

字符串的其他作用见表 5-2~表 5-8。

表 5-2 常用字符串处理方法

方　法	描　述
str.upper()/str.lower()	转换字符串 str 中所有字母为大写/小写
str.strip()	用于移除字符串开头、结尾指定的字符(参数省略时去掉空白字符,包括\t、\n、\r、\x0b、\x0c 等)
str.join(iterable)	以字符串 str 为分隔符,将可迭代对象 iterable 字符元素拼接为一个新的字符串。当 iterable 存在非字符串元素时,返回一个 TypeError 异常
str.split(sep = None, maxsplit =-1)	根据分隔符 sep 将字符串 str 切分成列表,sep 参数省略时根据空格切分,可指定逗号或制表符等为分隔符。maxsplit 值存在且非 1 时,最多 maxsplit 次切分
str.count(sub[, start[, end]])	返回 sub 在字符串 str 中出现的次数,如果 start 或者 end 指定,就返回指定范围内 sub 出现的次数
str.find(sub[,start[, end]])	检测 sub 是否包含在字符串 str 中,如果是,则返回开始的索引值,否则返回-1。如果 start 或 end 指定范围,则检查是否包含指定在范围内
str.replace(old, new[, count])	把字符串 str 的 old 全部替换为 new,如果 count 指定,则替换不超过 count 次
str.index(sub[, start[, end]])	与 find()方法一样返回子串存在的起始位置,如果 sub 在字符串 str 中不存在,则抛出一个异常
for \<var\> in \<string\>	对字符串 string 进行遍历,依次将字符串 string 中的字符赋值给前面的变量 var

表 5-3 字符串大小写转换

方　法	描　述
str.capitalize()	把字符串 str 的第一个字符大写
str.casefold()	返回一个字符串的大小写折叠的复制,类似于 lower(),但它移除在字符串中的所有差异
str.swapcase()	翻转字符串 str 中的大小写字母
str.title()	返回"标题化"的字符串 str,将所有单词都以大写开始,其余字母均为小写(见 istitle())

表 5-4　　　　　　　　　　　　　　　　字符串格式输出

方　　法	描　　述
str.center(width[,fillchar])	返回一个原字符串居中,并使用 fillchar 填充至长度 width 的新字符串,默认用空格填充。例如：print(' pass '.center(16,'='))　#======pass======
str.ljust(width)	返回一个与原字符串左对齐,并使用空格填充至长度 width 的新字符串
str.zfill(width)	返回长度为 width 的字符串,与原字符串 str 右对齐,前面填充 0
str.expandtabs(tabsize=8)	把字符串 str 中的 tab 符号转为空格,tab 符号默认的空格数是 8
str.format(*args,**kwargs)	格式化字符串
str.format_map(mapping)	与 str.format(**mapping)类似,只是 mapping 是直接使用的,而不是复制到一个字典

表 5-5　　　　　　　　　　　　　　　字符串搜索定位与替换

方　　法	描　　述
str.lstrip([chars])	删除字符串 str 左边的指定字符,默认去除空白字符
str.rstrip([chars])	删除字符串 str 右边的指定字符,默认去除空白字符
str.maketrans(x[,y[,z]])	maketrans()方法用于创建字符映射的转换表,对于接受两个参数的最简单的调用方式,第一个参数是字符串,表示需要转换的字符;第二个参数也是字符串,表示转换的目标
str.traraslate(table[,deletechars])	根据 table 给出的映射表转换字符串 str 中的字符,要过滤掉的字符放到 deletechars 参数中
str.rfind(sub[,start[,end]])	类似于 find()函数,不过是从右边开始查找
str.rindex(sub[,start[,end]])	类似于 index(),不过是从右边开始查找
str.rjust(width[,fillchar])	返回一个与原字符串右对齐,并使用 fillchar 填充长度 width 的新字符串,fillchar 省略时用空格填充
str.rpartition(sep)	类似于 partition()函数,不过是从右边开始查找
str.rsplit(sep=None,maxsplit=-1)	通过 sep 指定分隔符对字符串进行分割并返回一个列表。默认分隔符为所有空白字符。类似于 split()方法,只不过是从字符串右侧开始分割。如果指定 maxsplit 数量 max,则最多切分 max 次

表 5-6　　　　　　　　　　　　　　　字符串联合与分割

方　　法	描　　述
str. partition（sep）	从第一次出现 sep 的位置起,把字符串 str 分成一个三元素的元组(string_pre_str,str,string_post_str),如果字符串 str 中不包含 sep,则返回一个包含字符串本身的三元组,后面跟着两个空字符串。例如:(string_pre_str,' ',' ')
str. splitlines（[keepends]）	按照行('\r,\r\n,"\n)分隔,返回一个包含各行作为元素的列表,换行符中,如果参数 keepends 为 False,则不包含换行符;如果为 True,则保留

表 5-7　　　　　　　　　　　　　　　字符串条件判断

方　　法	描　　述
str. isalnum()	如果字符串 str 至少有一个字符,并且所有字符都是字母或数字,则返回 True,否则返回 False
str. isdigit()	如果字符串 str 中只包含 Unicode 数字、半角数字、全角数字,则返回 True,否则返回 False
str. isnumeric()	如果字符串 str 只包含 Unicode 数字、半角数字、全角数字、罗马数字、汉字数字以及①、(16)、12. 等数字,则返回 True,否则返回 False
str. isdecimal()	如果字符串 str 只包含十进制 Unicode 数字、半角数字或全角数字,则返回 True,否则返回 False
str. isalpha()	如果字符串 str 至少有一个字符,并且所有字符都是字母,则返回 True,否则返回 False
str. isidentifier()	检测字符串是不是字母开头
str. islower()	如果字符串 str 中包含至少一个区分大小写的字符,并且所有这些字符都是小写,则返回 True,否则返回 False
str. isprintable()	如果字符串 str 是空串或其中的所有字符都是可打印的,则返回 True,否则 False
str. isspace()	如果字符串 str 中只包含空格、制表符(\t)和回车符,则返回 True,否则返回 False
str. istitle()	如果字符串 str 是标题化的,则返回 True,否则返回 False
str. isupper()	如果字符串 str 中包含至少一个区分大小写的字符,并且所有这些字符都是大写,则返回 True,否则返回 False
str. startswith（prefix[，start[，end]]）	检查字符串 str 是否以 prefix 开头,若是,则返回 True,否则返回 False。如果 start 和 end 指定值,则在指定范围内检查
str. endswith（suffix[，start[，end]]）	检查字符串 str 是否以 suffix 结束,是则返回 True,否则返回 False。如果 start 和 end 指定值,则在指定范围内检查

表 5-8　　　　　　　　　　　　　　　　字符串编码

方　　法	描　　述
bytes.decode(encoding='utf-8',errors='strict')	以 encoding 指定的编码格式解码为字节串对象，bytes 为字符串，出错则触发 ValueError 的异常
str.encode(encoding='utf-8',errors='strict')	以 encoding 指定的编码格式编码字符串 str 为字节串对象，出错则触发 ValueError 的异常

【例 5-9】 实现的方法有很多，这里给出一种用字符映射转换方法实现的方案：

```
import string

lower = string.ascii_lowercase      # 小写字母,用常量可避免输入错误
upper = string.ascii_uppercase      # 大写字母
before = string.ascii_letters       # 全部大小写字母
num= int(input("请输入字母偏移量："))    # 偏移量为 3
print("字母表:",before)
after = lower[num:]+ lower[:num] + upper[num:] + upper[:num]
print("偏移表:",after)
table = ''.maketrans(before,after)    # 创建映射表
print(f"加密用映射表:\n",table)
plaintext = input("请输入要加密的明文字符串:")
print("加密后的密文字符串:",plaintext.translate(table))
```

运行结果：

```
请输入字母偏移量：6
字母表：abcdefghijklmnopqrstuvwxyzABCDEFGHIJKLMNOPQRSTUVWXYZ
偏移表：ghijklmnopqrstuvwxyzabcdefGHIJKLMNOPQRSTUVWXYZABCDEF
加密用映射表：
 {97: 103, 98: 104, 99: 105, 100: 106, 101: 107, 102: 108, 103: 109, 104: 110,
105: 111, 106: 112, 107: 113, 108: 114, 109: 115, 110: 116, 111: 117, 112:
118, 113: 119, 114: 120, 115: 121, 116: 122, 117: 97, 118: 98, 119: 99, 120:
100, 121: 101, 122: 102, 65: 71, 66: 72, 67: 73, 68: 74, 69: 75, 70: 76, 71:
77, 72: 78, 73: 79, 74: 80, 75: 81, 76: 82, 77: 83, 78: 84, 79: 85, 80: 86, 81:
87, 82: 88, 83: 89, 84: 90, 85: 65, 86: 66, 87: 67, 88: 68, 89: 69, 90: 70}
请输入要加密的明文字符串:gfd57GJe
加密后的密文字符串:mlj57MPk
```

5.4　format 方法

　　format 是字符串内嵌的一个方法,用于格式化字符串。以大括号{}来标明被替换的字符串。format()函数有很多优点:不需要考虑不同数据类型的问题;单个参数可以多次输出;参数顺序可以不相同;填充方式十分灵活,对齐方式十分强大。

　　调用 format()方法后会返回一个新的字符串,其使用格式如下:

```
<模板字符串>.format(<逗号分隔的参数>)
```

　　format()方法中,模板字符串的大括号中除了包括参数序号,还可以包括格式控制信息。此时,位置的内部样式如下:

```
{<参数序号><格式控制标记>}
```

　　其中,<格式控制标记>用来控制参数显示时的格式,包括<填充><对齐><宽度><,><精度><类型>6 个字段,format 格式控制标记如表 5-2 所示。

表 5-9　　　　　　　　　　　　format 格式控制标记

控 制 标 记	使 用 说 明
整数	参数序号
:	引导符号
填充	填充字符
对齐	左对齐:<右对齐:>居中:^
宽度	输出宽度
,	数字千位分隔符
精度	浮点数小数位数或字符串最大输出长度
类型	c:Unicode 字符 d:十进制 b/o/x:二/八/十六数进制 e/E:浮点数指数形式 f/F:浮点数标准形式

　　这些字段都是可选的,可以组合使用。

　　(1) <填充>:指<宽度>内除了参数外的字符采用什么方式表示,默认采用空格,可以通过<填充>更换。

　　(2) <对齐>:指参数在<宽度>内输出时的对齐方式,分别使用<、>和^三个符号表示左对齐、右对齐和居中对齐。

(3)＜宽度＞：指当前位置的设定输出字符宽度。如果该位置对应的format()参数长度比＜宽度＞设定值大，则使用参数实际长度输出。如果该值的实际位数小于指定宽度，则位数被默认以空格字符补充。

(4)＜,＞(逗号)：＜格式控制标记＞中逗号用于显示数字的千位分隔符。

(5)＜.精度＞：表示两个含义，由小数点(.)开头。对于用"f"和"F"格式化的浮点数，精度表示小数点后保留的数字位数。对于用"g"和"G"格式化的浮点数，精度表示小数点前面和后面保留的数字位数，且会舍去输出数据末尾的零。对于字符串，精度表示输出的最大长度。

```
print('.7f 格式::{:.7f} '.format (1234.1234567890123))#  1234.1234568
print('.7F 格式:{:.7F}'.format(1234.1234567890123))#  1234.1234568
print('.7g 格式:{:.7g}'.format(1234.1234567890123))#  1234.123
print('.7G 格式:{:.7G}'.format(1234.1234567890123)) #  1234.123
print('.7 格式:{:.7}'.format ('1234.1234567890123')) #  1234.12
print('宽20字符,居右,空位用* 填充:{:# > 20,.4f}'.format(1234.1234567890123))
print('宽20字符,居左,空位用# 填充:{:# < 20}'.format('花样年华'))
print('宽20字符,居中,空位用= 填充:{:@ ^20}'.format('如日中升'))
print('宽20字符,居中,空位无填充:{:^20}'.format('无填充 待续'))
```

运行结果：

```
.7f 格式::1234.1234568
.7F 格式:1234.1234568
.7g 格式:1234.123
.7G 格式:1234.123
.7 格式:1234.12
宽20字符,居右,空位用# 填充:############1,234.1235
宽20字符,居左,空位用# 填充:花样年华################
宽20字符,居中,空位用= 填充:@@@@@@@如日中升@@@@@@@
宽20字符,居中,空位无填充:        无填充 待续
```

(6)＜类型＞：表示输出整数和浮点数类型的格式规则。对于整数类型，输出格式包括6种；对于浮点数类型，输出格式包括4种；浮点数输出时尽量使用＜.精度＞表示小数部分的宽度，这有助于更好地控制输出格式。各类型与符号的功能描述如表5-3所示。

表5-10　　　　　　　　　　整数和浮点数类型的格式规则

符号	功　　能	示　　例
b	输出整数的二进制方式	print('{:b}'.format(12))　　#输出 1100
c	输出整数对应的Unicode字符	print('{:c}'.format(69))　　#输出　E

续表

符号	功能	示例
d	输出整数的十进制方式	print('{:d}'.format(12))　#输出 12
o	输出整数的八进制方式	print('{:o}'.format(12))　#输出 14
x/X	输出整数的小写/大写十六进制方式	print('{:x}'.format(12))　#输出　C
e/E	输出浮点数对应的小写字母 e/大写字母 E 的指数形式	print('{:e}'.format(12))　#输出　1.200000e+01
/F	输出浮点数的标准浮点形式,保留结果末尾的 0	print('{:f}'.format(12)) #输出 12.000000
g/G	输出浮点数,末尾的 0 会从结果中被移除。	print('{:g}'.format(12.000))　#输出 12
%	输出浮点数的百分数形式	print('{:%}'.format(12)) #输出 1200.000000%

5.5　random 模块

随机数可以用于数学、游戏、安全等领域中,还经常被嵌入算法中,用以提高算法效率,并提高程序的安全性。平时数据分析各种分布的数据构造也会用到。

Python 的 random 模块是 python 中一个生成随机数的模块。random 不是 python 解释器内置的模块。导入 random 模块的方法是 import random。

random 模块包含了一系列函数,可提供多种形式的随机数序列,这些函数的功能描述如下——random 模块主要函数。

(1) random.random()

描述：random.random() 用于生成一个 0 到 1 的随机符点数：0≤n<1.0。
语法：

```
random.random()
```

【例 5-10】

```
print(random.random())# 生成一个随机数
0.7186311708109537

[round(random.random(),4) for i in range(4)]# 生成一个 4 位小数的随机列表
[0.1976, 0.3171, 0.2522, 0.8012]
```

(2) random.randint()
描述：用于生成一个指定范围内的整数。

语法：

```
random.randint(a, b)
```

其中参数 a 是下限，参数 b 是上限，生成的随机数 n：$a \leqslant n \leqslant b$。

【例 5-11】

```
import random
for i in (1,2):
    print(f"第{i}次产生随机数:")
    print( random.randint(1, 8))
```

运行结果：

```
第 1 次产生随机数:
6
第 2 次产生随机数:
1
```

(3) random.randrange()

描述：按指定基数递增的集合中获取一个随机数。如 random.randrange(10，100，2)，结果相当于从[10，12，14，16，…96，98]序列中获取一个随机数，random.randrange(10，100，2)在结果上与 random.choice(range(10，100，2))等效。

语法：

```
random.randrange([start], stop[, step])
```

不指定 step，随机生成[a，b)范围内一个整数。指定 step，step 作为步长会进一步限制[a，b)的范围，比如 randrange(0,11,2)意即生成[0,11)范围内的随机偶数。不指定 a，则默认从 0 开始。

【例 5-12】

```
import random
for i in (1,2):
    print(f"第{i}次产生随机数:")
    print("不限制:",[random.randrange(0, 11) for i in range(5)])
    print("随机偶数:",[random.randrange(0, 11, 2) for i in range(5)])
```

运行结果：

```
第 1 次产生随机数：
不限制：[4, 0, 8, 2, 10]
随机偶数：[0, 0, 2, 2, 4]
第 2 次产生随机数：
不限制：[9, 8, 9, 0, 9]
随机偶数：[6, 6, 0, 8, 8]
```

(4) random.choice()

描述：从非空序列 seq 中随机选取一个元素。如果 seq 为空则弹出 IndexError 异常。

语法：

```
random.choice(seq)
```

其中 seq 可以是一个列表、元组或字符串。

【例 5-13】

```python
import random
for i in (1,2):
    print(f"第{i}次随机抽取:")
    L = [0, 1, 2, 3, 4, 5]
    print(random.choice(L),end= "   ")
    L = ['地球', '金星', '火星', '冥王星']
    print(random.choice(L),end= "   ")
    L = 'wewillwin'
    print(random.choice(L))
```

运行结果：

```
第 1 次随机抽取:
4   火星   l
第 2 次随机抽取:
0   冥王星   i
```

(5) random.choices()

描述：从集群中随机选取 k 次数据，返回一个列表，可以设置权重。

注意每次选取都不会影响原序列，每一次选取都是基于原序列，也就是放回抽样。

语法：

```
random.choices(population,weights= None,* ,cum_weights= None,k= 1)
```

其中，

population：非空序列。

weights：设置相对权重，它的值是一个列表，设置之后，每一个成员被抽取到的概率就被确定了。比如 weights=[1,2,3,4,5]，那么第一个成员的概率就是 P=1/(1+2+3+4+5)=1/15。

cum_weights：设置累加权重，Python 会自动把相对权重转换为累加权重，即给出累加权重，那么就不需要给出相对权重，且 Python 省略了一步执行。比如 weights=[1,2,3,4]，那么 cum_weights=[1,3,6,10]，cum_weights=[1,1,1,1,1]输出全是第一元素；k：选取次数。

```
import random
for i in (1,2):
    print(f"第{i}次抽取:")
    L = [0, 1, 2, 3, 4, 5]
    print(random.choices(L,k= 5))
    L = ['地球','金星','火星','冥王星','土星']
    print(random.choices(L,weights= [0,0,1,0,0],k= 5))
    print(random.choices(L,weights= [1,1,1,1,1], k= 5))
    # 多次运行,'土星'被抽到的概率为 0.5,比其他的都大
    print(random.choices(L,weights= [0.1,0.1,0.2,0.3,0.5], k= 3))
    print(random.choices(L,cum_weights= [1,1,1,1,1], k= 2))
```

运行结果：

```
第 1 次抽取:
[3, 0, 2, 4, 4]
['火星', '火星', '火星', '火星', '火星']
['土星', '土星', '金星', '地球', '地球']
['冥王星', '土星', '火星']
['地球', '地球']
第 2 次抽取:
[3, 5, 5, 2, 1]
['火星', '火星', '火星', '火星', '火星']
['火星', '金星', '冥王星', '土星', '地球']
['土星', '冥王星', '冥王星']
['地球', '地球']
```

(6) random.sample()

描述：从 population 样本或集合中随机抽取 k 个不重复的元素形成新的序列。常用于不重复的随机抽样，返回的是一个新的序列，不会破坏原有序列。要从一个整数区间随机抽取一定数量的整数，请使用 sample(range(1000000)，k=60)类似的方法，这非常有效和节省空间。

如果 k 大于 population 的长度，则弹出 ValueError 异常。

语法：

```
random.sample(population, k)
```

与 random.choices() 的区别：一个是选取 k 次，另一个是选取 k 个，选取 k 次的相当于选取后又放回，选取 k 个则选取后不放回。故 random.sample() 的 k 值不能超出集群的元素个数。

```
import random
for i in (1,2):
    print(f"第{i}次产生随机数:")
    print(random.sample(range(1000), 5))
    L = [0, 1, 2, 3, 4, 5]
    print(random.sample(L, 3))
```

运行结果：

```
第1次产生随机数:
[474, 160, 779, 818, 899]
[2, 3, 5]
第2次产生随机数:
[218, 42, 642, 279, 751]
[3, 4, 2]
```

(7) random.shuffle()

描述：用于将一个列表中的元素打乱。只能针对可变的序列，对于不可变序列，请使用 sample() 方法。

语法：

```
random.shuffle(x)
```

```
import random
for i in (1,2):
    print(f"第{i}次元素打乱:")
    L = [0, 1, 2, 3, 4, 5]
    random.shuffle(L)
    print(L)
```

运行结果：

```
第 1 次元素打乱:
[0, 3, 4, 5, 1, 2]
第 2 次元素打乱:
[5, 2, 1, 3, 0, 4]
```

(8) random.uniform()

描述：产生$[a,b]$范围内一个随机浮点数。uniform()的a、b参数不需要遵循$a \leqslant b$的规则，即a小b大也可以，此时生成$[b,a]$范围内的随机浮点数。

语法：

```
random.uniform(x, y)
```

```
import random
for i in (1,2):
    print(f"第{i}次产生随机数:")
    print(random.uniform(9, 11))
```

运行结果：

```
第 1 次产生随机数:
9.62333280745203
第 2 次产生随机数:
10.19918003199637
```

【例 5-14】 猜数字游戏：随机生成一个 1～100 的数字 answer，玩家可多次猜测一个数字 guess，直至猜中。

```
import random   # 引入 random 模块,以便生成随机数

# 随机生成一个 1～100 的数字
answer = random.randint(1, 100)

# 初始化猜测次数
guess_count = 0

while True:    # 循环不断询问玩家数字
    while True:     # 循环保证输入一个整数
        # 获取用户输入
        try:
```

```
            guess = int(input("请输入一个数字(1~100): "))
        except:
            continue    # 没输入整数,产生异常,继续本层循环
        else:
            break       # 输入整数,中止本层循环

    # 猜测次数加一
    guess_count += 1

    # 判断玩家输入的数字和答案的关系
    if guess < answer:
        print("猜小了,请再试一次")
    elif guess > answer:
        print("猜大了,请再试一次")
    else:
        print(f"恭喜你,猜对了! 你一共猜了{guess_count}次")
        break
```

运行结果:

```
请输入一个数字(1~100)::kkkk
请输入一个数字(1~100): 50
猜小了,请再试一次
请输入一个数字(1~100): 75
猜小了,请再试一次
请输入一个数字(1~100): 90
猜大了,请再试一次
请输入一个数字(1~100): 86
恭喜你,猜对了! 你一共猜了4次

进程已结束,退出代码 0
```

【例 5-15】 模拟校验验证码。验证码采取随机生成的方式产生,包含大小写字母和数字。用户输入验证码时一般不区分大小写。请编写程序对用户输入的验证码进行验证。用户输入时不区分大小写,在验证前可以将用户输入的字符串和验证码中的大小写字母都转换为小写字母或反过来将所有小写字母转换为大写字母,再进行匹配验证。

方法一:

```
import random
import string
```

```
# 可选的字符集
characters = string.ascii_letters + string.digits

# 验证码的长度
code_length = 4

# 生成验证码
code = ''.join(random.choice(characters) for _ in range(code_length))
print(f"验证码是: {code}")

# 获取用户输入
user_input = input("请输入验证码: ").lower()

# 验证用户输入
if user_input == code.lower():
    print("验证码正确")
else:
    print("验证码错误")
```

方法二：

```
import random

def get_random_code(num_code):
    """
    生成并返回随机验证码
    :param num_code: 随机验证码位数
    """
    list_code = []
    for i in range(num_code):
        # 随机生成0~9的数字
        num = str(random.randint(0, 9))
        # 随机生成小写字母
        lower_alphabet = chr(random.randint(97, 122))
        # 随机生成大写字母
        upper_alphabet = chr(random.randint(65, 90))
        # 再次随机抽取一个字符
        random_code = random.choice([num, lower_alphabet, upper_alphabet])
```

```
        #  保存随机抽取的字符
        list_code.append(random_code)
    return "".join(list_code)

randon_num = get_random_code(4)
print(f"生成验证码:{randon_num}")
check_code= input("请输入验证码:").upper()
if check_code= = randon_num.upper():
    print("通过验证!!!")
else:
    print("抱歉,没通过验证!!!")
```

运行结果:

```
生成验证码:9Q9N
请输入验证码:9q9n
通过验证!!!
```

【例 5-16】 编写程序在 26 个字母和 9 个数字组成的字符中随机生成 5 个 6 位数密码。

```
import random
#  可选的字符集
s = "123456789qwertyuiopasdfghjklzxcvbnmQWERTYUIOPASDFGHJKLZXCVBNM"
#  密码的长度
password_length = 6
#  生成密码的数量
num_passwords = 5
print("生成的密码:")
for i in range(num_passwords):   #  循环控制生成的密码个数
    password = ''.join(random.choice(s) for j in range(password_
    length))
    print(password,end=" ")
```

运行结果:

```
生成的密码:
IO1LFy gTADqh UeHbcN O1ixIG fKVaTF
```

【例 5-17】 模拟生成 25 位产品序列号。产品序列号由五组被"-"分隔开、由 25 个字母和数字(ABCEFGHJKMPQRTVWXY2346789)混合编制的字符串组成。如 H8AMY-

YX4QF-YR2T3-9CVFE-JVYEH。

方法一：

```
import random

# 可选的字符集
S1= 'ABCEFGHJKMPQRTVWXY2346789'

n = int(input("请输入需要生成的序列号个数:"))

for j in range(n):
    text = ''
    for i in range(1, 25 + 1):# 生成number个序列号
        text += random.choice(S1)  # 字符串中随机挑选一个字符
        # 最后一个字符时不添加'-',每个五个字符添加'-'
        if i % 5 == 0 and i != 25:
            text += '-'
    print(text) # 输出一个序列号
```

方法二：

```
import random
# import string

# 可选的字符集
characters = 'ABCEFGHJKMPQRTVWXY2346789'

# 分组的数量
groups = 5

# 每组的长度
g_length = 25 // groups

n = int(input("请输入需要生成的序列号个数:"))

for k in range(n):
    serial = ''
    for j in range(groups):
        serial += ''.join(random.choice(characters) for x in range(g_length))
```

```
        serial + = '-'
    #  去掉最后的'-'
 print(serial[:- 1])
```

运行结果：

```
请输入需要生成的序列号个数:3
H3YHW- MVHGE- E2QB6- KRVG4- JTE9B
R6KWH- 69RXT- QFEJM- RVH2P- FP3HP
RMAHR- GKEF4- QRFQT- PWF2H- 4TB99
```

本章小结

　　字符串是 Python 中最常用的数据类型。本章主要介绍了字符串类型变量的创建、字符串格式化方法[包括%格式控制符、format()格式化方法]、字符串的基本操作、字符串的处理函数和方法。

　　random 模块包含了一系列函数，可提供多种形式的随机数序列。

本章练习

　　1. a = "yhujy 海上生明月"，写出 python 语句，使用切片截取字符串。
（1）截取从 2～5 位置的字符串。
（2）截取从 2～末尾位置的字符串。
（3）截取从 2～末尾—1 位置的字符串。
（4）截取从开始～5 位置的字符串。
（5）截取全部的字符串。
（6）截取末尾的字符串。
（7）截取字符串后两个字符串。
（8）截取除最后一个字符外，其他全部字符。
　　2. b = "987 天涯共此时 235"，写出 python 语句。
（1）从开始位置，每隔一个字符截取字符串。
（2）从索引 1 开始，每隔一个取一个。
（3）返回索引位为 1、3、5 的字符。
（4）返回索引位为偶数的全部字符。
（5）返回索引位为 10、7、5、3 的字符。
（6）将字符串 b 逆序排序。
　　3. 字符串的索引和切片，将输出结果填写在横线处。
str="志高山峰矮,路从脚下伸。"

print(str[0]) ＃输出结果为 _____
print(str[-1])   ＃输出结果为 _____
print(str[4:13])   ＃输出结果为 _____
print(str[-5])   ＃输出结果为 _____
print(str[-2:-5:-2])＃输出结果为 _____
print(str[0:-2]) ＃输出结果为 _____
print(str[::-1]) ＃输出结果为 _____

4. 随机产生5个A～Z的数字，使其挨个空格间隔后输出，再逆向合并，用空格间隔后输出。请完善代码。

```
import random as r
s = ''
for i in range(5):
    ch = chr(r.randrange(65, 90, 1)) # 65是A的十进制编码,90是Z的十进制
                                     编码
    print(ch,end= ' ')
    s = _____
print('\n逆向合并:'+ s)
```

运行结果：

```
E V L L G
逆向合并:G L L V E
```

5. 获得用户输入的一个数字，替换其中0～9为中文字符"零壹贰叁肆伍陆柒捌玖"，输出替换后结果。请完善代码。

```
n = input("请输入一串数字:")
s = "零壹贰叁肆伍陆柒捌玖"
for c in "0123456789":
    n = n.replace(c, s[_____])        int(c)
print("转换成中文:",n)
```

运行结果：

```
请输入一串数字:6574534290
转换成中文：陆伍柒肆伍叁肆贰玖零
```

6. 获得用户输入的一个字符串，去除字符串两侧出现的a～z共26个小写字母，并打印输出结果。请完善代码。

```
s = input("请输入一个字符串:")
print(s.strip("_____ "))
请输入一个字符串:et68hjhml9jlg
68hjhml9
```

7. 输入一行字符,分别统计出其中英文字母、空格、数字和其他字符的个数。请完善代码。

```
str = input("请输入一行字符:")
count_alpha = 0
count_space = 0
count_digit = 0
count_other = 0
for _____ :
    if i.isalpha():
        count_alpha += 1
    if i.isspace():
        count_space += 1
    if i.isdigit():
        count_digit += 1
    else:
        count_other += 1

print(f"{str}中的英文字母个数为:{count_alpha}")
print(f"{str}中的空格个数为:{count_space}")
print(f"{str}中的数字个数为:{count_digit}")
print(f"{str}中的其他字符个数为:{count_other}")
```

8. 生成包含 20 个随机数的列表,然后将前 10 个元素升序排列,后 10 个元素降序排列,并输出结果。请完善代码。

```
from random import choices
data = choices(range(100), k=20)
print(data)
data[:10] = _____
data[10:] = _____
print(data)
```

9. 请完善代码。字符串 a = "aAsmr3idd4bgs7Dlsf9eAF"。

(1) 请将 a 字符串的数字取出，并输出成一个新的字符串。

(2) 请去除 a 字符串中多次出现的字母，仅留最先出现的一个，大小写不敏感。如'aAsmr3idd4bgs7Dlsf9eAF3'，经过去除后，输出'asmr3id4bg7lf9e3'

```
a = "aAsmr3idd4bgs7Dlsf9eAF"
str_digit = ''
for i in a:
    if i.isdigit():
        str_digit += i
print(str_digit)

result = []
for i in a:
    if i not in result:
        if ('A' <= i <= 'Z') and (i.lower() _____ ):
            result.append(i)
        elif ('a' <= i <= 'z') and (i.upper() _____ ):
            result.append(i)
        elif not i.isalpha():
            result.append(i)
print("".join(result))
```

10. 回文是一种"从前向后读"和"从后向前读"都相同的字符串。如"rotor"是一个回文字符串。定义一个函数，判断一个字符串是否为回文字符串，并测试函数的正确性。

```
str= input("请输入一串字符：")
    rever_str = str[::-1]
    if_____
        print(f"{str}是回文字符串!")
    else:
        print(f"{str}不是回文字符串!")
```

11. 居民身份证是国家法定的证明公民个人身份的证件。请根据输入的身份证号码，提取出生日期并计算年龄。如输入的身份证号码是"430103201208041112"，则提取的出生日期为"2012年8月4日"，年龄为11岁（计算时为2023年）。

样例（其中黑体表示输入数据）：

请输入您的18位身份证号码：**430103201208041112**

您的出生日期是2012/08/04。

您是11岁的男生。

分析：根据GB11643—1999中有关居民身份号码的规定，居民身份号码是特征组合码，由17位数字本体码和1位数字校验码组成。排列顺序从左至右依次为：6位数字地址码，8位数字出生日期码，3位数字顺序码和1位数字校验码。具体为：

① 第1～2位数字表示所在省份的代码；
② 第3～4位数字表示所在城市的代码；
③ 第5～6位数字表示所在区县的代码；
④ 第7～14位数字表示出生年月日；
⑤ 第15～16位数字表示所在地的派出所的代码；
⑥ 第17位数字表示性别：奇数表示男性，偶数表示女性；
⑦ 第18位数字是校检码：校检码可以是0～9的数字，有时也用X表示。

12. 现实生活中有很多经常使用的号码(如银行卡号、身份证号码等)都很长，核对起来很不方便，通常做法是将号码分段显示。比如李路的银行卡卡号为"6222081067723976005"，可以将其分段显示为"6222 0810 6772 3976 005"。请编写程序，从键盘输入19位银行卡卡号，从左往右每4位之间加一个空格(最后一组为3位)，输出分段显示的银行卡，并将中间的12位卡号用6个"*"代替后加密输出。

样例(其中黑体表示输入数据)：
请输入19位银行卡卡号：**6222081067723976005**
分段后的银行卡卡号为：6222 0810 6772 3976 005
加密后的银行卡卡号为：6222 * * * * * * 005

第 6 章 列表与元组

学习目标

掌握 Python 中列表、元组的创建。
掌握 Python 中列表、元组中元素的查找和统计。
掌握 Python 中列表中元素的增加。
掌握 Python 中列表中元素的修改。
掌握 Python 中列表中元素的删除。

Python 中的基本数据类型（data type）只有两种，即数值（number）数据类型和字符串（string）数据类型。根据这两种基本的数据类型，Python 将不同类型的数据组织在一起，构造出了组合数据类型。本章主要介绍了两种组合数据类型：列表（list）和元组（tuple）。列表或元组是由多个基本数据类型组合而成的，这些数据元素可以是数值或字符串，也可以是其他类型的数据，例如类。在 Python 中，字符串、列表、元组都被称为序列，其中列表属于可变序列，元组和字符串属于不可变序列。

6.1 列　　表

Python 中没有数组，但是加入了更加强大的列表。列表是 Python 中基本的数据类型。列表是一种序列，是由一系列按照指定顺序排列的元素组成的。列表中的元素不需要有联系，甚至不需要是同一种类型的数据。列表的字面量用"[ ]"表示，其中的元素之间用逗号（,）分隔。下面两个都是列表的例子：

```
[1,4,5,8,13]
['Monday','Tuesday','Wednesday']
```

列表是一种序列，所以前述序列的所有特性和操作对于列表都是成立的。除此之外，列表还有自己特殊的操作。

6.1.1 列表的创建、访问和删除

(1) 创建列表对象的方法有两种

① 使用中括号创建列表对象,就是把所有元素都放在一对中括号[]中,相邻元素之间用逗号分隔。创建列表对象的格式如下:

```
a = ['apple', 'banana', 'abc', 'happy']
a = []                              # 创建空列表
```

列表中元素的个数没有限制。列表中元素可以是整数、实数、字符串、列表、元组等任何类型的数据,并且在同一个列表中各个元素的数据类型也可以不相同。列表中的每一个元素都有一个位置索引,第一个索引是 0,第二个索引是 1,以此类推。例如,下面的列表同时包含整数、浮点数、字符串和列表这 4 种数据类型。

```
a = [3, '欢迎', 1.5, [2,6,7], 'happy']
```

在创建列表对象时,虽然可以将不同类型的数据放入同一个列表中,但通常情况下不这么做,因为同一列表中只放入同一类型的数据可以提高程序的可读性。

② 使用 list 类的构造函数创建列表对象。列表是通过 Python 内置的 list 类定义的,因此,可以使用 list 类的构造函数创建列表对象,也可以使用 list()函数把元组、range 对象、字符串、字典、集合或其他可迭代对象转换为列表。

```
a= list((1,2,5,9,11))     # 将元组转换为列表
print(a)
a= list(range(1,10,2))    # 将 range 对象转换为列表
print(a)
a= list('hello')          # 将字符串转换为列表
print(a)
a= list({2,6,5})          # 将集合转换为列表
print(a)
a= list()                 # 创建空列表
print(a)
```

(2) 访问列表元素

列表是有序集合,因此要访问列表的任何元素,只需将该元素的位置或索引告诉 Python 即可。要访问列表元素,可指出列表的名称,再指出元素的索引,并将其放在方括号内。要注意的是在 Python 中,第一个列表元素的索引为 0,而不是 1。在大多数编程语言中是如此,这与列表操作的底层实现相关。第二个列表元素的索引为 1。根据这种简单的计数方式,要访问列表的任何元素,都可将其位置减 1,并将结果作为索引。如要访问第四个列表元素,可使用索引 3。

下面的代码从列表 fruits 中提取第一款水果：

```
fruits= ['apple','banana','orange','pear']
print(fruits[0])                # 访问列表元素的语法
```

当你请求获取列表元素时，Python 只返回该元素，而不包括方括号和引号，以上语句输出结果如下：

```
apple
```

你还可以对任何列表元素调用字符串方法。如可使用方法 title() 让元素 'apple' 的格式更简洁：

```
fruits= ['apple','banana','orange','pear']
print(fruits[0].title())
```

这个示例的输出与前一个示例相同，只是首字母 A 是大写的。

(3) 列表的删除

当一个列表不再使用时，可以使用 del 命令将其删除，这一点适用于所有类型的 Python 对象。

```
x= [1,2,3]
del x                           # 删除列表对象
print(x)                        # 对象删除后无法再访问，抛出异常
```

输出结果：

```
NameError: name 'x' is not defined
```

严格来说，del 命令并不删除变量对应的值，只是删除变量并解除变量和值的绑定。Python 内部每个值都维护一个计数器，每当有新的变量引用该值时其引用计数器加 1，当该变量被删除或不再引用该值时其引用计数器减 1，当某个值的引用计数器变为 0 时则由垃圾回收器负责清理和删除。如果需要立刻进行垃圾回收，就可以导入 gc 模块后调用其 collect() 方法。

```
import sys
print(sys.getrefcount(1))       # 查看值的引用次数

x= 1
print(sys.getrefcount(1))       # 有新变量引用该值，其引用计数器加 1
```

159

```
y= 1
print(sys.getrefcount(1))

del x                           # 删除变量并解除引用,该值的引用计数器减 1
del y
print(sys.getrefcount(1))

import gc
print(gc.collect())             # 立刻进行垃圾回收,返回被清理的对象数量
```

输出结果:

```
1000013511
1000013512
1000013513
1000013511
82
```

6.1.2 修改、添加和删除元素

在列表创建后,随着程序的运行、元素的添加和删除,将使得列表的长度不断变化。

(1) 修改列表元素

修改列表元素的语法与访问列表元素的语法类似。要修改列表元素,可指定列表名和要修改的元素的索引,再指定该元素的新值。如假设有一个水果列表,其中的第一个元素为'apple',想要将它的值改为'lemon':

```
fruits= ['apple','banana','orange','pear']
print(fruits)
fruits[0] = 'lemon'
print(fruits)
```

程序输出如下,第一个元素的值改变了,但其他列表元素的值没变:

```
['apple', 'banana', 'orange', 'pear']
['lemon', 'banana', 'orange', 'pear']
```

(2) 添加列表元素

Python 提供了多种在既有列表中添加新数据的方式,本节介绍两种方式,分别是从末尾添加元素和在列表中插入元素。

① 在列表末尾添加元素。给列表附加元素时,它将添加到列表末尾。继续使用前一个示

例中的列表,在其末尾添加新元素' lemon':

```
fruits= ['apple','banana','orange','pear']
print(fruits)
fruits.append('lemon')
print(fruits)
```

程序输出如下,方法 append()将元素' lemon '添加到了列表末尾,而不影响列表中的其他所有元素:

```
['apple', 'banana', 'orange', 'pear']
['apple', 'banana', 'orange', 'pear', 'lemon']
```

② 在列表中插入元素。使用方法 insert()可在列表的任何位置添加新元素。为此,你需要指定新元素的索引和值。

```
fruits= ['apple','banana','orange','pear']
print(fruits)
fruits.insert(0, 'lemon')
print(fruits)
```

程序输出如下,在这个示例中,值' lemon '被插入列表开头;方法 insert()在索引 0 处添加空间,并将值' lemon '存储到这个地方。这种操作将列表中既有的每个元素都右移一个位置:

```
['apple', 'banana', 'orange', 'pear']
['lemon', 'apple', 'banana', 'orange', 'pear']
```

③ extend()用于将另一个列表中的所有元素追加至当前列表的尾部。append()、insert()、extend()这 3 个方法都属于原地操作,不影响列表对象在内存中的起始地址。

```
x= [1,2,3]
print(id(x))                    # 查看对象的内存地址

x.append(4)                     # 在尾部追加元素
x.insert(0,0)                   # 在指定位置插入元素
x.extend([5,6,7])               # 在尾部追加多个元素
print(x)

print(id(x))                    # 列表在内存中的地址不变
```

161

程序输出：

```
1446357391104
[0, 1, 2, 3, 4, 5, 6, 7]
1446357391104
```

(3) 删除列表元素

Python 提供了专门的删除语句 del() 和 pop()。pop() 语句可用于弹出列表中任何位置处的元素。此外，可使用 remove() 方法删除特定值的元素。

① 使用 del 语句删除元素。Python 提供了专门的 del 语句来删除列表中的元素。del 的一般形式如下：

```
del< 列表元素>
```

如：

```
fruits= ['apple','banana','orange','pear']
del fruits[1]
print(fruits)
```

输出结果：

```
['apple', 'orange', 'pear']
```

② 使用方法 pop() 删除元素。方法 pop() 可删除列表末尾的元素，并让你能够接着使用它。术语弹出 pop() 源自这样的类比：列表就像一个栈，而删除列表末尾的元素相当于弹出栈顶元素。例如下面从列表 fruit 中删除列表结尾的水果：

```
fruit= ['apple','banana','orange','pear']    # 定义列表 fruit
print(fruit)
popped_fruit = fruit.pop()      # 从列表中弹出一个值，并存储到变量 popped_
                                  fruit 中
print(fruit)                    # 输出列表
print(popped_fruit)             # 输出弹出的值
```

输出结果表明，列表末尾的值 'pear' 已删除，它现在存储在变量 popped_fruit 中：

```
['apple', 'banana', 'orange', 'pear']
['apple', 'banana', 'orange']
pear
```

实际上,你可以使用 pop() 来删除列表中任何位置的元素,只需在括号中指定要删除的元素的索引即可。

```
fruits= ['apple','banana','orange','pear']
my_fruit = fruits.pop(2)
print('我丢掉的水果是:'+ my_fruit.title())
print('余下的水果是:',fruits)
```

输出结果表明,列表第三位的值' orange '已删除,它现在存储在变量 my_fruit 中,程序的输出结果:

```
我丢掉的水果是:Orange
余下的水果是：['apple', 'banana', 'pear']
```

需要注意的是,使用 pop() 后,被弹出的元素就不再在列表中了。如果你不确定该使用 del 语句还是 pop() 方法,下面就是一个简单的判断标准:如果你要从列表中删除一个元素,且不再以任何方式使用它,就使用 del 语句;如果你要在删除元素后还能继续使用它,就使用方法 pop()。

③ 根据值删除元素。如果只知道要删除的元素的值,但不知道该值在列表中所处的位置,就可使用方法 remove()。如假设我们要从列表 fruit 中删除值' banana '。

```
fruit= ['apple','banana','orange','pear']
print(fruit)
fruit.remove('banana')
print(fruit)
```

输出结果表明,列表 fruit 中的值' banana '已被删除:

```
['apple', 'banana', 'orange', 'pear']
['apple', 'orange', 'pear']
```

需要注意的是,方法 remove() 只删除第一个指定的值。如果要删除的值可能在列表中出现多次,就需要使用循环来判断是否删除了所有这样的值。

6.1.3 列表常用的方法

列表、元组、字典、集合、字符串等 Python 序列有很多操作是通用的,而不同类型的序列又有一些特有的方法或者支持某些特有的运算符和内置函数。列表对象常用的方法如表 6-1 所示。

表 6-1　　　　　　　　　　　　　　列表常用的方法

方　　法	说　　明
append(x)	将 x 追加至列表尾部
extend(L)	将列表 L 中所有元素追加至列表尾部
insert(index,x)	在列表 index 位置处插入 x,该位置后面的所有元素后移并且在列表中的索引加 1。如果 index 为正数且大于列表长度,则在列表尾部追加 x;如果 index 为负数且小于列表长度的相反数,则在列表头部插入元素 x
remove(x)	在列表中删除第一个值为 x 的元素,该元素之后所有元素前移并且索引减 1,如果列表中不存在 x,则抛出异常
pop([index])	删除并返回列表中下标为 index 的元素,如果不指定 index 则默认为 1,弹出最后一个元素;如果弹出中间位置的元素,则后面的元素索引减 1;如果 index 不是[−L,L)区间上的整数,则抛出异常 L 表示列表长度
clear()	清空列表,删除列表中的所有元素,保留列表对象
index(x)	返回列表中第一个值为 x 的元素的索引,若不存在值为 x 的元素,则抛出异常
count(x)	返回 x 在列表中的出现次数
reverse()	对列表所有元素进行原地逆序,首尾交换
sort(key = None, reverse=False)	对列表中的元素进行原地排序,key 用来指定排序规则,reverse 为 False 表示升序,reverse 为 True 表示降序
copy()	返回列表的浅复制

（1）pop()、remove()、clear()

这 3 个方法用于删除列表中的元素,其中 pop()用于删除并返回指定位置(默认是最后一个)上的元素,如果指定的位置不是合法的索引,则抛出异常,对空列表调用 pop()方法也会抛出异常;remove()用于删除列表中第一个值与指定值相等的元素,如果列表中不存在该元素,则抛出异常;clear()用于清空列表中的所有元素。这 3 个方法也属于原地操作,不影响列表对象的内存地址。另外,还可以使用 del 命令删除列表中指定位置的元素,同样也属于原地操作。

```
x= ['a','b','c','d','e','f']
print(x.pop())          # 弹出并返回尾部元素 f

print(x.pop(0))         # 弹出并返回指定位置的元素 a

x.clear()               # 删除所有元素
print(x)                # 输出 []
```

```
x= [1,2,3,4,5]
x.remove(2)           # 删除首个值为 2 的元素
del x[3]              # 删除指定位置上的元素
print(x)              # 输出[1, 3, 4]
```

(2) count( )、index( )

count()用于返回列表中指定元素出现的次数。

```
x= [1,2,1,3,2,3,4,3,4,4]
print(x.count(4))           # 输出 3 ,4 在列表 x 中的出现次数是 3
print(x.count(5))           # 输出 0 ,5 在列表 x 中的出现次数是 0
```

index()用于返回指定元素在列表中首次出现的位置,如果该元素不在列表中,则抛出异常。

```
x= [1,2,1,3,2,3,4,3,4,4]
print(x.index(2))           # 元素 2 在列表 x 中首次出现的索引
print(x.index(5))           # ValueError: 5 is not in list
```

通过前面的介绍我们已经知道,列表对象的很多方法在特殊情况下会抛出异常,而一旦出现异常,整个程序就会崩溃。为避免引发异常而导致程序崩溃,一般来说有两种方法:① 使用选择结构以确保列表中存在指定元素,再调用有关的方法;② 使用异常处理结构。下面的代码使用异常处理结构保证用户输入的是三位数,然后使用关键词 in 来测试用户输入的数字是否在列表中,如果存在则输出其索引,否则提示不存在。

```
from random import sample

lst= sample(range(100,1000),90)    # lst 是包含 90 个 3 位随机数的列表

while True:
    x= input('请输入一个三位数:')
    try:
        assert len(x)= = 3          # x 长度必须为 3
        x= int(x)
        break
    except:
        pass

if x in lst:
```

```
    print(f'{x}在列表中的索引为:{lst.index(x)}')
else:
    print(f'列表中不存在{x}.')
```

(3) sort()、reverse()

列表对象的 sort()方法用于按照指定的规则对所有元素进行排序,默认规则是所有元素从小到大升序排序;reverse()方法用于将列表所有元素逆序或翻转,也就是第一个元素和倒数第一个元素交换位置,第二个元素和倒数第二个元素交换位置,以此类推。

```
x= list(range(13))                          # 包含13个整数的列表
import random
random.shuffle(x)                           # 把列表 x 中的元素随机乱序
print(x)
x.sort(key= lambda item:len(str(item)), reverse= True)
                                            # 按转换成字符串以后的长度降序排列
print(x)
x.sort(key= str)                            # 按转换为字符串后的大小升序排序
print(x)
x.sort()                                    # 按默认规则排序
print(x)
x.reverse()                                 # 把所有元素翻转或逆序
print(x)
```

列表对象的 sort()和 reverse()分别对列表进行原地排序(in-place sorting)和逆序,没有返回值。所谓"原地",意思是用处理后的数据替换原来的数据,列表首地址不变,列表中元素原来的顺序全部丢失。

(4) copy()

列表对象的 copy()方法返回列表的浅复制。所谓"浅复制",是指生成一个新的列表,并且把原列表中所有元素的引用都复制到新列表中。如果原列表中只包含整数、实数、复数等基本类型或元组、字符串这样的不可变类型的数据,一般就是没有问题的。但是,如果原列表中包含列表之类的可变数据类型,由于浅复制时只是把子列表的引用复制到新列表中,因此修改任何一个都会影响另外一个。

```
x= [2,4, [1,5]]        # 原列表中包含子列表
y= x.copy()            # 浅复制
print(y)               # 输出[2,4, [1,5]]    两个列表中的内容看起来完全一样
y[2].append(5)         # 为新列表中的子列表追加元素
y[0]= 9                # 新列表元素[0]重赋值
y.append(6)            # 在新列表尾部追加元素
```

```
print(y)                    # [9, 4, [1, 5, 5],6]
print(x)                    # [2, 4, [1, 5, 5]]   注意:x[0]没变,x 也没追加 6,子列表
                              跟着变了
```

列表对象的 copy()方法和切片操作以及标准库 copy 中的 copy()函数一样都是返回浅复制,如果想避免上面代码演示的问题,就可以使用标准库 copy 中的 deepcopy()函数实现深复制。所谓"深复制",是指对原列表中的元素进行递归,把所有的值都复制到新列表中,对嵌套的子列表不再是复制引用。这样一来,新列表和原列表是互相独立的,修改任何一个都不会影响另外一个。

```
import copy

# 创建一个包含子对象的列表
original_list = [1, 2, [3, 4]]

# 浅复制
shallow_copy_list = copy.copy(original_list)

# 修改原始列表中的子对象
original_list[2][0] = 5

# 浅复制后的列表中的子对象也会跟着改变
print(shallow_copy_list)    # 输出 [1, 2, [5, 4]]

# 深复制
deep_copy_list = copy.deepcopy(original_list)

# 修改原始列表中的子对象
original_list[2][0] = 6

# 深复制后的列表中的子对象不会改变
print(deep_copy_list)       # 输出 [1, 2, [5, 4]]
```

不论是浅复制还是深复制,与列表对象的直接赋值都是不一样的情况。下面的代码把同一个列表赋值给两个不同的变量,这两个变量是互相独立的,修改任何一个都不会影响另外一个。

```
x= [2,4, [1,5]]
y= [2,4, [1,5]]             # 把同一个列表对象赋值给两个变量
```

```
x.append(5)
x[2].append(6)          # 修改其中一个列表的子列表
print(x)                # 输出[2, 4, [1, 5, 6], 5]
print(y)                # 输出[2, 4, [1, 5]],另外一个列表不受影响
```

下面的代码演示的是另外一种情况,把一个列表变量赋值给另外一个变量,这样两个变量指向同一个列表对象,对其中一个做的任何修改都会立刻在另外一个变量得到体现。

```
x= [2,4,[1,5]]
y= x                    # 两个变量指向同一个列表
x[2].append(9)
x.append(6)
x[0]= 7
print(x)        # 输出[7, 4, [1, 5, 9], 6]
print(y)        # 输出[7, 4, [1, 5, 9], 6]对x做的任何修改,y都会受到影响
```

6.1.4 切片操作

切片是 Python 序列的重要操作之一,除了适用于列表之外,还适用于元组、字符串、range 对象,但列表的切片操作具有最强大的功能。不仅可以使用切片来截取列表中的任何部分返回得到一个新列表,而且可以通过切片来修改和删除列表中部分元素,甚至可以通过切片操作为列表对象增加元素。在形式上,切片使用2个冒号分隔的3个数字来完成。

```
[start:end:step]
```

其中,3个数字的含义与内置函数 range(start, end, step)完全一致:第一个数字 start 表示切片开始的位置,默认为 0;第二个数字 end 表示切片截止(但不包含)的位置(默认为列表长度);第三个数字 step 表示切片的步长(默认为1)。当 start 为0时可以省略,当 end 为列表长度时可以省略,当 step 为1时可以省略,省略步长时还可以同时省略最后一个冒号。另外,当 step 为负整数时,表示反向切片,这时 start 应该在 end 的右侧才行。

(1) 使用切片获取列表部分元素

使用切片可以返回列表中部分元素组成的新列表。与使用索引作为下标访问列表元素的方法不同,切片操作不会因为下标越界而抛出异常,而是简单地在列表尾部截断或者返回一个空列表,代码具有更强的健壮性。

```
aList= [1,2,3,4,10,11,12,13,14,15]

# 返回包含原列表中所有元素的新列表
print(aList[::])            # 输出[1,2,3,4,10,11,12,13,14,15]
```

```
# 返回包含原列表中所有元素的逆序列表
print(aList[::- 1])                    # 输出[15, 14, 13, 12, 11, 10, 4, 3, 2, 1]
# 隔一个取一个,获取偶数位置的元素
print(aList[::2])                      # 输出[1, 3, 10, 12, 14]
# 隔一个取一个,获取奇数位置的元素
print(aList[1::2])                     # 输出[2, 4, 11, 13, 15]
# 指定切片的开始和结束位置
print(aList[3:6])                      # 输出[4, 10, 11]
# 切片结束位置大于列表长度时,从列表尾部截断
print(aList[0:100])                    # 输出[1, 2, 3, 4, 10, 11, 12, 13, 14, 15]
# 切片开始位置大于列表长度时,返回空列表
print(aList[100:])                     # 输出[]
# 进行必要的截断处理
print(aList[- 15:3])                   # 输出[1, 2, 3]

print(len(aList))                      # 输出10
# 位置3在位置- 10的右侧,- 1表示反向切片
print(aList[3:- 10:- 1])               # 输出[4, 3, 2]
# 位置3在位置- 5的左侧,正向切片
print(aList[3:- 5])                    # 输出[4, 10]

aList[100]                             # 抛出异常,不允许越界访问
```

(2) 使用切片为列表增加元素

可以使用切片操作在列表任意位置插入新元素,不影响列表对象的内存地址,属于原地操作。

```
aList= [10,20,30]
print(aList[len(aList):])              # 输出[]
aList[len(aList):]= [9]                # 在列表尾部增加元素
aList[:0]= [1,2]                       # 在列表头部插入多个元素
aList[3:3]= [4]                        # 在列表中间位置插入元素
print(aList)                           # 输出[1, 2, 10, 4, 20, 30, 9]
```

(3) 使用切片替换和修改列表中的元素

```
aList= [10,20,30,40]
aList[:3]= [1,2,3]                     # 替换列表元素,等号两边的列表长度相等
print(aList)                           # 输出[1, 2, 3, 40]
aList[3:]= [4,5,6]                     # 切片连续,等号两边的列表长度可以不相等
```

```
print(aList)                            # 输出[1, 2, 3, 4, 5, 6]
aList[::2]= [0]* 3                      # 隔一个修改一个
print(aList)                            # 输出[0, 2, 0, 4, 0, 6]
aList[::2]= ['a', 'b', 'c']             # 隔一个修改一个
print(aList)                            # 输出['a', 2, 'b', 4, 'c', 6]
aList[1::2]= range(3)                   # 序列解包的用法
print(aList)                            # 输出['a', 0, 'b', 1, 'c', 2]
aList[1::2]= map(lambda x: x!= 5, range(3))
print(aList)                            # 输出['a', True, 'b', True, 'c', True]
aList[1::2]= zip('abc', range(3))
                                        # map、filter、zip 对象都支持这样的用法
print(aList)                            # 输出['a', ('a', 0), 'b', ('b', 1), 'c',
                                        #      ('c', 2)]

aList[::2]= [1]                         # 报错,切片不连续时等号两边列表的长度必须
                                        #   相等
```

(4) 使用切片删除列表中的元素

```
aList= [10,20,30,40]
aList[:2]= []                           # 删除列表中前 2 个元素
print(aList)                            # 输出[30, 40]
```

另外,也可以使用 del 命令与切片相结合来删除列表中的部分元素,并且切片元素可以不连续。

```
aList= [1,2,3,4,5]
del aList[:2]                           # 切片元素连续
print(aList)                            # 输出[3, 4, 5]
aList= [1,2,3,4,5]
del aList[::2]                          # 切片元素不连续,隔一个删一个
print(aList)                            # 输出[2, 4]
```

(5) 切片得到的是列表的浅复制

在介绍列表的常用方法 copy()方法时曾经提到,切片返回的是列表元素的浅复制,与列表对象的直接赋值并不一样,和深复制也有本质的不同。

```
aList= [3,5,7]
bList= aList[::]                        # 切片,浅复制
```

```
print(aList= = bList)              # 两个列表的值相等,输出 True
print(aList is bList)              # 浅复制,不是同一个对象,输出 False
print(id(aList)= = id(bList))      # 两个列表对象的地址不相等,输出 False
bList[1]= 8                        # 修改 bList 列表元素的值不会影响 aList
print(bList)                       # bList 的值发生改变,输出[3, 8, 7]
print(aList)                       # aList 的值没有发生改变,输出[3, 5, 7]

x= [[1], [2], [3]]                 # 如果列表中包含列表或其他可变序列
y= x[:]                            # 情况会复杂一些
print(y)                           # 输出[[1], [2], [3]]
print(id(x[0])= = id(y[0]))        # 相同的值在内存中只有一份,输出 True
y[0]= [4]                          # 直接修改 y 中下标为 0 的元素值,不影响 x
print(y)                           # 输出[[4], [2], [3]]
y[1].append(5)                     # 通过列表对象的方法原地增加元素
print(y)                           # 输出[[4], [2, 5], [3]]
print(x)                           # 列表 x 也受到同样的影响,输出[[1], [2,
                                   #   5], [3]]
```

【例 6-1】 有 10 名同学的语文课程成绩分别为:84、99、76、82、96、83、79、85、68、75,利用列表分析成绩,输出平均值、最高的 3 个成绩、最低的 3 个成绩以及成绩中位数。

分析:如果成绩列表的长度是偶数,中位数就是中间两个数的平均值;如果成绩列表的长度是奇数,中位数就是中间的数。

```
# 定义成绩列表
scores = [84, 99, 76, 82, 96, 83, 79, 85, 68, 75]

# 计算平均值
average = sum(scores) / len(scores)
print(f"平均成绩是:{average}")

# 计算最高的 3 个成绩
sorted_scores = sorted(scores, reverse= True)
top_3 = sorted_scores[:3]
print(f"最高的 3 个成绩是:{top_3}")

# 计算最低的 3 个成绩
bottom_3 = sorted_scores[- 3:]
print(f"最低的 3 个成绩是:{bottom_3}")
```

```
# 计算中位数
n = len(scores)
if n % 2 == 0:
    median = (scores[n // 2 - 1] + scores[n // 2]) / 2
else:
    median = scores[n // 2]
print(f"成绩的中位数是:{median}")
```

【例6-2】 列表 score = [['张三','20233985',99],['李四','20238493',86],['王五','20239402',65],['赵云','20239857',100],['钱龙','20239483',77],['孙风','20234938',59]],每个列表元素的三个数据分别代表姓名、学号和成绩,请分别按姓名、学号和成绩排序输出。

```
score = [
    ['张三', '20233985', 99],
    ['李四', '20238493', 86],
    ['王五', '20239402', 65],
    ['赵云', '20239857', 100],
    ['钱龙', '20239483', 77],
    ['孙风', '20234938', 59]
]

# 按姓名排序
sorted_by_name = sorted(score, key= lambda x: x[0])
print("按姓名排序:")
for item in sorted_by_name:
    print(item)

# 按学号排序
sorted_by_student_id = sorted(score, key= lambda x: x[1])
print("按学号排序:")
for item in sorted_by_student_id:
    print(item)

# 按成绩排序
sorted_by_score = sorted(score, key= lambda x: x[2])
print("按成绩排序:")
for item in sorted_by_score:
    print(item)
```

输出结果:

```
按姓名排序:
['赵云', '20239857', 100]
['张三', '20233985', 99]
['李四', '20238493', 86]
['王五', '20239402', 65]
['孙风', '20234938', 59]
['钱龙', '20239483', 77]
按学号排序:
['孙风', '20234938', 59]
['张三', '20233985', 99]
['李四', '20238493', 86]
['钱龙', '20239483', 77]
['王五', '20239402', 65]
['赵云', '20239857', 100]
按成绩排序:
['孙风', '20234938', 59]
['王五', '20239402', 65]
['钱龙', '20239483', 77]
['李四', '20238493', 86]
['张三', '20233985', 99]
['赵云', '20239857', 100]
```

6.1.5 嵌套列表

如果一个列表的元素也是列表,则称该列表为嵌套列表,也称多维列表。Python对于嵌套列表的层次数目没有限制,但是最好不要超过3层,否则会增加处理的复杂度。

实际应用中,最常用的多维列表是二维列表。二维列表可以看成由行和列组成的列表。二维列表中的每一行可以使用索引来访问,该索引被称为行索引。"列表名[行索引]"表示列表中的某一行,其值就是一个一维列表;每一行中的值可以通过另一个索引访问,该索引被称为列索引;"列表名[行索引][列索引]"表示指定行中某一列的值,其值可以是数字或字符串等。如对于列表 t=[[x00,x01,x02],[x10,x11,x12],t[x20,x22,x23]],t[0]表示第一个元素[x00,x01,x02]。对于列表中的每个元素,即子列表中的所有元素,需要使用二级索引来表示。如 t[1][2]表示第二个子列表中的第三个元素 x12。

嵌套列表的遍历需要使用多重循环结构。如果只是嵌套两层,就可以使用两重循环结构来遍历;如果嵌套层次大于2,就建议使用递归函数来遍历。

【例6-3】 创建一个8×8的棋盘,用嵌套列表来表示。棋盘上的每一个位置(或被称为"格子")可能被黑色方块占据,也可能为空。在这个简单的例题中,我们没有考虑规则和走法,只是创建了一个简单的数据结构来表示棋盘,和一个函数来在棋盘上放一个黑色的方块。

```
# 创建一个8×8的棋盘,初始时所有格子都为空
board = [[0 for _ in range(8)] for _ in range(8)]

# 定义一个函数,用于在棋盘上放置黑色方块
def place_black(board, row, col):
    if row < 0 or row >= 8 or col < 0 or col >= 8:
        print("无效的位置")
    else:
        board[row][col] = 1  # 1代表黑色方块

# 测试一下我们的函数
place_black(board, 3, 3)

# 打印棋盘
for row in board:
    print(row)
```

程序说明棋盘被表示为一个嵌套列表。board[i][j]就表示棋盘上的第 i 行第 j 列的格子。在开始时,所有的格子都是空的,表示为 0。当我们调用 place_black 函数在(3,3)的位置放置黑色方块时,我们就把 board[3][3]的值设为 1。然后我们遍历并打印整个棋盘,看到黑色方块在正确的地方。

6.2 元　　组

可以把元组看作轻量级列表或者简化版列表,支持与列表类似的操作,但功能不如列表强大。在形式上,元组的所有元素放在一对圆括号中,元素之间使用逗号分隔,如果元组中只有一个元素,则必须在最后增加一个逗号。

6.2.1　创建元组

同列表类似,可以用元组字面量或 tuple()来创建一个元组。元组字面量和列表字面量很像,唯一的不同是用圆括号而不是用方括号:

```
tp= (3,50)
print(tp)
print(tp[0])
print(tp[1])
```

第一行创建了一个有两个元素的元组(3,50),并赋给了变量 tp。对于只含一个元素的元

组进行声明时,末尾的","不能省略,示例如下:

```
tp = (2,)        # 声明只含一个元素的元组时,必须在元素后加","以告诉系统这时声明
                   的是元组
```

以下声明得不到元组:

```
tp= (2)              # 注意:得到的不是一个元组
print(type(tp))     # 输出< class 'int'>
```

声明元组时可以省略小括号(但不建议这样做),如下:

```
tp= 1,2,3         # 省略声明元组时的小括号,但不建议这样使用
print(tp)
print((1,2,3))
print(type(tp))
```

6.2.2 元组的常用操作

由于元组也是序列类型,因此,元组支持序列类型的通用操作,如判断元素是否在序列之内、连接序列、重复序列元素、下标获取元素、访问指定索引范围、按步长访问指定索引范围、获取序列长度、获取最小值、获取最大值、求和(必须是数字类型数据)等都可以用在元组上。但不支持可变序列及列表的通用操作,因为它有不可变的特性,即元组不支持原位改变,也不支持扩展操作。

(1) 元组的访问

对元组元素的访问操作,仍然是通过下标索引来进行的。使用索引访问元组指定位置的元素,可以获得该索引对应位置的元素。

(2) 元组的切片

通过切片从元组中获取部分元素,可以获得由若干个元素构成的子元组。

(3) 元组操作符

元组对"+"和"*"的操作符与字符串相似。其中,"+"用于合并元组,"*"用于重复元组。使用关系运算符比较两个元组。使用成员运算符 in 和 not in 判断某个值是否存在于元组中。

(4) 删除整个元组

虽然元组的元素不能修改,但是可以用"del 元组名"删除整个元组。

(5) 元组的函数与方法

在列表的函数和方法中,除 append()、extend()和 insert()这3种方法之外,其他函数和方法都可以用于元组,如使用内置函数 len()计算元组的长度等,使用 for 循环遍历元组。

(6) 元组转换函数 tuple()

与列表类似,同样可以将某个特定的可迭代序列转换为元组。假定有函数"range()"生成了一个序列,可以通过转换函数"tuple()"将它转换为一个元组。

```
tp = tuple(range(2,7))      # 将序列转换为元组
print(tp)
```

"range(2,7)"产生的是一个可迭代的序列,其值是 2、3、4、5、6(注意不包含值 7),后面将会介绍。

6.2.3 元组封装与序列拆封

元组是一种用法灵活的数据结构。元组有两种特殊的运算,即元组封装和序列拆封。这两种运算为编程带来了很多便利。

(1) 元组封装

元组封装是指将用逗号分隔的多个值自动封装到一个元组中。

【例 6-4】 元组封装示例。

```
tp = "apple", "pear", "peach", "watermelon", 123, 5
print(tp)
print(type(tp))
```

在上述例子中,通过赋值语句将赋值运算符右边的 6 个数据对象装入一个元组对象,并将其赋值给变量 tp,此时可以通过该变量来引用元组对象。

(2) 序列拆封

序列拆封是元组封装的逆运算,用来把一个封装起来的元组对象自动拆分成若干个基本数据。

【例 6-5】 序列拆封示例。

```
tp= (1, 'apple', 'pear')
a,b,c= tp
print(a,b,c)
```

在上述例子中,通过执行第二条赋值语句,将一个元组对象拆分成 3 个数据对象,并将其分别赋值给 3 个变量。这种序列拆分操作要求赋值运算符左边的变量数目与右边序列中包含的变量数目相等,如果不相等,则会出现 ValueError 错误。

封装操作只能用于元组对象,拆分操作不仅可以用于元组对象,而且可以用于列表对象。前面介绍过同时给多个变量赋值,也就是使用不同表达式的值分别对不同的变量赋值,例如:

```
a, b, c, d = 123, "apple", "pear", "peach"
```

这个赋值语句的语法格式实际上就是将元组封装和序列拆分两个操作结合起来执行,即首先将赋值运算符右边的 4 个数据对象封装成一个元组,然后将这个元组拆分成 4 个数据对象,分别赋给赋值运算符左边的 4 个变量。

【例 6-6】 输入两个字符串并将其存入两个变量,然后交换两个变量的内容。

```
s1= input("请输入一个字符串:")
s2= input("请再输入一个字符串：")
print("您输入的两个字符串是：")
print("s1= {0}, s2= {1}".format(s1, s2))
# 执行元组封装和序列拆分操作
s1, s2 =  s2, s1
print("交换两个字符串的内容:")
print("s1= {0}, s2= {1}".format(s1, s2))
```

运行结果：

```
请输入一个字符串:123
请再输入一个字符串：abc
您输入的两个字符串是：
s1= 123, s2= abc
交换两个字符串的内容：
s1= abc, s2= 123
```

6.2.4　生成器表达式

生成器表达式的用法与列表推导式非常相似,在形式上生成器表达式使用圆括号作为定界符,而不是列表推导式所使用的方括号。生成器表达式的结果是一个生成器对象,具有惰性求值的特点,只在需要时生成新元素,比列表推导式具有更高的效率,空间占用非常少,尤其适合大数据处理的场合。

使用生成器对象的元素时,可以根据需要将其转化为列表或元组,也可以使用生成器对象的__next__()方法或者内置函数 next()进行遍历,或者直接使用 for 循环来遍历其中的元素。但是不管用哪种方法访问其元素,都只能从前往后正向访问每个元素,没有任何方法可以再次访问已访问过的元素,也不支持使用下标访问其中的元素。当所有元素访问结束以后,如果需要重新访问其中的元素,就必须重新创建该生成器对象,enumerate、filter、map、zip 等其他迭代器对象也具有同样的特点。

```
g = ((i+ 2)* * 2 for i in range(10))        # 创建生成器对象
print(g)                     # 输出< generator object < genexpr >  at
                             0x00000251E6F09700>
print(tuple(g))          # 将生成器对象转换为元组,输出(4, 9, 16, 25, 36, 49,
64, 81, 100, 121)
print(list(g))                          # 生成器对象已遍历结束,输出[]
g = ((i+ 2)* * 2 for i in range(10))         # 重新创建生成器对象
print(g.__next__())          # 使用生成器对象的__next__()方法获取元素,输出 4
```

```
print(g.__next__())              # 获取下一个元素,输出 9
print(next(g))                   # 使用函数 next()获取生成器对象中的元素,输出 16
g = ((i+ 2)* * 2 for i in range(10))
for item in g:                   # 使用循环直接遍历生成器对象中的元素
    print(item, end= ' ')        # 输出 4 9 16 25 36 49 64 81 100 121
print()
g = map(str, range(20))          # map 对象也具有同样的特点
print('2' in g)                  # 输出 True
print('2' in g)                  # 这次判断会把所有元素都给"看"没了,输出 False
print('8' in g)                  # 输出 False
```

6.2.5　元组与列表的比较

元组和列表都是有序序列类型,它们有很多类似的操作(如索引、切片、遍历等),而且可以共同使用很多函数。但是,元组与列表也有区别,元组是不可修改的,列表的那些修改函数都不能用于元组。

(1) 元组不可修改

元组的一个元素,只能出现在赋值号的右边,或是用于调用函数时传入的值,而不能用于赋值号的左边。因为如此,对元组变量的每次赋值,不是在修改它所代表的元组,而是让它代表了另一个元组。修改一个列表是在该对象所在空间中完成的。当一个要修改的变量值是数值、字符串或元组时,Python 会分配一个新的内存空间存储新值,并把此对象赋值给该变量。因此,列表相当于原地修改,但是数值、字符串和元组不是。

(2) 元组与列表的区别

元组与列表之间的区别主要表现在以下几个方面。

① 元组是不可变的序列类型,对元组不能使用 append()、extend()和 insert()函数,不能向元组中添加元素,也不能使用赋值语句对元组中的元素进行修改;对元组不能使用 pop()和 remove()函数,不能从元组中删除元素;对元组不能使用 sort()和 reverse()函数,不能更改元组中元素的排列顺序。列表则是可变的序列类型,可以通过添加、插入、删除以及排序等操作对列表中的数据进行修改。

② 元组使用圆括号并以逗号分隔元素来定义,列表则使用方括号并以逗号分隔元素来定义。不过,在使用索引或切片获取元素时,元组与列表一样也使用方括号和一个或多个索引值来获取元素。

③ 元组可以在字典中作为键来使用,列表则不能作为字典的键来使用。

(3) 使用元组的好处

相对于列表而言,元组少了很多操作,但可能遇到一个函数返回多个值的情况,比如"return a, b"。这种情况本质上还是一个元组,也就是说,元组使用的场景是比较多、比较广的。元组比列表操作速度快,如果定义了一个值的常量集,并且唯一要使用的是不断地遍历它,那就使用元组来代替列表。

在实际开发过程中,如果我们确定不会出现原位改变这种情况,则用元组比用列表更合

适,能在一定程度上保证数据的安全。利用元组存储数据,可以对不需要修改的数据进行"写保护",使得代码更安全。使用元组而不是列表如同拥有一个隐含的 assert(断言)语句,说明这一数据是常量,如果必须改变这些值,则需要执行从元组到列表的转换。

(4) 元组与列表的相互转换

列表类的构造函数 list()可以接收一个元组作为参数并返回一个包含相同元素的列表,通过调用该构造函数将元组转换为列表,此时将"融化"元组,从而达到修改数据的目的。元组类的构造函数 tuple()用于接收一个列表作为参数并返回一个包含相同元素的元组,通过调用该构造函数将列表转换为元组,此时将"冻结"列表,从而达到保护数据的目的。

【例 6-7】 元组与列表相互转换。元组(tuple)和列表(list)是 Python 中的两种主要的数据结构,它们都可以存储一系列的数据。然而,它们之间的主要区别是元组是不可变的,而列表是可变的。以下例题将展示如何将元组转换为列表,以及如何将列表转换为元组:

(1) 将元组转换为列表

假设我们有一个元组 $t=(1,2,3,4,5)$,我们想将它转换为列表。

```
tuple1 = (1, 2, 3, 4, 5)
list1 = list(tuple1)
print(list1)   # 输出: [1, 2, 3, 4, 5]
```

在这个例子中,我们使用了 Python 内置的 list()函数,将元组转换为列表。

(2) 将列表转换为元组

假设我们有一个列表 $l=[1,2,3,4,5]$,我们想将它转换为元组。

```
list1 = [1, 2, 3, 4, 5]
tuple1 = tuple(list1)
print(tuple1)   # 输出: (1, 2, 3, 4, 5)
```

在这个例子中,我们使用了 Python 内置的 tuple()函数,将列表转换为元组。

请注意,在将列表转换为元组时,如果列表中的元素是可变的(例如列表、字典等),则仍可以进行修改。这主要是因为元组是不可变的,所以它不能包含可变元素。当你尝试将可变元素放入元组时,Python 会抛出一个错误。

本章小结

本章介绍了 Python 的两种序列类型数据:列表和元组。作为序列类型,它们有一些共同的操作和函数。列表用来保存任意类型、任意数量的数据。列表中的数据是动态的,随时可以修改,还可以增加和删除。而元组是不可修改的序列类型。

本章练习

1. 编写程序,可以读取一个整数列表,然后输出这个列表的元素以及它们的和。例如,输入的列表是[1,2,3,4,5],列表元素的和就是15。

2. 编写程序,将一个列表中的所有元素逆序排列,并输出结果。
3. 写出将列表中的元素按照奇偶数进行分类的 Python 代码。
4. 写出将列表中的元素按照字符串和数字进行分类的 Python 代码。
5. 写出元组和列表的主要区别。
6. 写出创建一个包含三个元素的元组的 Python 代码。
7. 写出将一个列表转换为元组的 Python 代码。
8. 写出访问元组中元素的索引和值的 Python 代码。
9. 对于元组 tup=("You","love","China")

(1) 计算元组长度并输出。
(2) 获取元组第二个元素并输出。
(3) 使用 for 循环遍历输出元组。

第7章 集合与字典

学习目标

掌握集合的创建、修改、运算。
掌握字典的创建、修改、排序。
学会使用字典的函数与方法。
学会集合与字典的应用。

集合类型和映射类型是 Python 中内置的两种数据类型,因两者都使用一对大括号"{}"作为数据的界定符,所以放在一起进行讲解。本章简单介绍集合的创建和基本操作方法,通过实例讲解集合在去除重复元素方面的应用和集合运算;详细讲解映射数据类型——字典的创建、值的获取与修改、内置函数与方法以及排序等知识,通过实例讲解如何利用字典进行数据查询和统计。

7.1 集 合

集合是一种可遍历结构,可以在 for 循环中进行遍历,具有无序排列且不重复的特点,基本功能包括关系测试和消除重复元素。在需要删除重复项,或者求交集、差集运算时,可以使用集合,而且用于迭代时,集合的表现优于列表。

集合(set)和冻结集合(frozensed)的不同在于集合是可变数据类型,集合内数据可增可减,有 add()、remove()等方法。而冻结集合是不可变数据类型,一旦创建,其数据便不可增减,可以作为字典的键或其他集合的元素。没有明确说明的集合数据类型都是指数据可变的集合。

7.1.1 集合的创建

集合(set)是一个无序的不重复元素序列,可以使用大括号{ }或者 set()函数创建集合,但是,创建一个空集合必须用 set()而不是{ },因为{ }是用来创建一个空字典。集合里面的元素是不可重复的,集合可以有任意数量的元素,它们可以是不同的类型(例如:数字、元组、字符串等),但是,集合不能有可变元素(例如:列表、集合或字典)。

创建格式：

```
parame = {value01,value02,...}
或者
set(value)
```

创建空集合：

```
setA = set()           # set()函数创建一个空集合,不能使用{}创建和表示空集合
print(setA)            # 输出set(),表示一个空集合
print(type(setA))      # < class 'set'>
setB = {}              # { }是用来创建一个空字典
print(setB)            # 输出{ }
print(type(setB))      # < class 'dict'>
```

set()函数如果只提供一个参数,该参数就必须是可迭代的,即参数必须是字符串、列表、元组、推导式、迭代器或字典等支持迭代的对象。

```
a = set('rafrcarafara')   # 创建集合{'a', 'f','r'}  注意唯一性
setC = set(range(7))      # 通过 range 创建集合 {0,1,2,3,4,5,6}
setD = set([1, 2, 3, 4, 5, 6, 2, 3, 4])   # 将列表转为集合{1,2,3,4,5,6}  注意
                                            唯一性
se = set('abcccc')        # {'a', 'b', 'c'}参数是需要可迭代对象  注意唯一性
se = set([1,2,2,1,1,2])   # {1, 2}  可以理解为列表转换为集合 set 注意唯一性
se = set((1,2))           # {1, 2}  可以理解为元组转换为集合 set
se = {1,2,2,3}            # {1, 2, 3}  注意唯一性
# 集合支持集合推导式(Set comprehension):
setE = {x for x in 'abracadabrad' if x not in 'abc'}
print(setE)  # {'d', 'r'}
```

注意：set()只能有一个参数,且该参数必须是可迭代的,否则出现 TypeError 错误。

```
setA = set(1)
print(setA)    # TypeError: 'int' object is not iterable
```

对于 Python 中列表 list、tuple 类型中的元素,转换成集合时,会去掉重复的元素,且排序（升序）。

```
list = [1, 1, 2, 3, 4, 6, 3, 1, 4, 5, 5]  # 列表
setA = set(list)                           # 列表转为集合,去重且升序
```

```
print(setA)                      # {1, 2, 3, 4, 5, 6}
tuple = (2, 3, 6, 3, 5, 2, 5)        # 元组
setB = set(tuple)                # 元组转为集合，去重且升序
print(setB)                      # {2, 3, 5, 6}
```

如果不只提供一个参数,则元素不能是可变类型：

```
se = set([1,'abc'])   # {1, 'abc'}
se = set([1,(2,3)])   # {1, (2, 3)}
se = {1,[2,3]}   # error 元素不能是可变类型,违背唯一性,可以是字符串或者元组
se = set([1,[2,3]])   # error  二个参数,则元素不能是可变类型
```

将集合类型数据直接赋值给变量即可创建一个集合变量。

```
basket = {'apple', 'orange', 'apple', 'pear', 'orange', 'banana'}
print(basket)    # {'pear', 'apple', 'banana', 'orange'}   这里演示的是
去重功能
```

集合可以赋值给另一个变量,两个变量指向相同的内存,当一个集合元素发生变化时,另一个集合的元素也会发生变化。

```
Basket1 = {'apple', 'orange', 'pear'}  # {'apple', 'orange', 'pear'}
Basket2 = Basket1
print(Basket2)  # {'apple', 'orange', 'pear'}
Basket2.add('banana')  # 增加一个元素 'banana'
print(Basket2)  # {'apple', 'banana', 'orange', 'pear'}
print(Basket1)  # {'apple', 'banana', 'orange', 'pear'}
print(id(Basket1), id(Basket2))  # id相同 1833468418688 1833468418688
```

copy()方法复制的集合与原集合是独立的对象,其中一个集合的改变不会影响到另一个集合。

```
Basket1 = {'apple', 'orange', 'pear'}  # {'apple', 'orange', 'pear'}
Basket2 = Basket1.copy()    # 创建集合 setA 的一个副本
print(id(Basket1), id(Basket2))   # id 不相同 2476198974336  2476198976128
print(Basket2)   # {'apple', 'orange', 'pear'}
Basket2.add('banana')   # 增加一个元素 'banana'
print(Basket2)   # {'apple', 'orange', 'pear', 'banana'}
print(Basket1)   # {'apple', 'orange', 'pear'}
```

【例 7-1】 奇特的五位数。一个五位数是 11 的倍数，如 74217，这个数字第一位等于倒数第一位且与其余位互相不相等，并且这个数字的第二位等于倒数第二位的 4 倍，所有数字之和是 4 的倍数，满足这种要求的五位数有多少个？各是什么？

方法一：

要找到一个特定的五位数，它满足几个条件：

(1) 它是 11 的倍数。

(2) 它的第一位数字等于它的最后一位数字，并且这两位数字与中间的数字都不相同。

(3) 它的第二位数字等于它的倒数第二位数字的 4 倍。

(4) 这五个数字的和也是 11 的倍数，并且大于 10。

(5) 现在我们要计算满足这些条件的五位数有多少个，并且找出这些数字。

分析：假设这个五位数为 ABCDE，其中 A、B、C、D 和 E 分别是这五位数的每一位数字。根据题目，我们可以建立以下条件：

(1) A = E，并且 A ≠ B, A ≠ C, A ≠ D, B ≠ C, B ≠ D, C ≠ D。

(2) B = 4D。

(3) 10000A + 1000B + 100C + 10D + E 是 11 的倍数。

(4) A + B + C + D + E 是 4 的倍数。

现在我们要来遍历所有可能的五位数，找出满足这些条件的数字。

```
count = 0
for A in range(1, 10):
    for B in range(0, 10):
        for C in range(0, 10):
            for D in range(0, 10):
                E = A
                num = 10000*A + 1000*B + 100*C + 10*D + E
                if B == 4*D and A != B and A != C and A != D and B != C and B != D and \
                   C != D and num % 11 == 0 and A + B + C + D + E > 10 \
                   and (A + B + C + D + E) % 4 == 0:
                    print(num)
                    count += 1
print("满足条件的五位数共有", count, "个")
```

运行结果：

```
38423
58025
满足条件的五位数共有 2 个
```

方法二：

(1) 第一位数字等于倒数第一位数字，可写为：str(i)[0]==str(i)[-1]。

(2) 第一位等于倒数第一位且与其余位互相不相等，则前四位数字组成的集合长度为 4 可写为：len(set(str(i)[0:3]))==4。

(3) 整数 i 转字符串，每个数字字符转换为整数并求和：sum(map(int, str(i)))。

(4) 所有数字之和是 4 的倍数：sum(map(int, str(i)))%4==0。

(5) 数字的第二位等于倒数第二位的 4 倍，可写为：int(str(i)[1])==int(str(i)[-2])*4。

完整代码：

```
ls = []    # 初始列表 ls 为空
for i in range(10000, 99999):   # 遍历五位数,找出满足条件的数字。
    if i% 11= = 0:    # i 是 11 的倍数
        if str(i)[0] = = str(i)[-1] and  len(set(str(i)[0:- 1]))= = 4:
            if sum(map(int, str(i)))% 4= = 0 and int(str(i)[1]) = =  int(str(i)[- 2]) * 4:
                ls.append(i)    # 符合条件的数字添加到列表 ls 里
print(f"满足条件的数有{len(ls)}个:")    # 列表长度就是符合条件的数字的个数 7
print(* ls)    # [38423 58025]
```

运行结果：

```
满足条件的数有 2 个:
38423 58025
```

可定义一个函数来实现这个程序的功能，设置 3 个默认值参数。调用函数时不传递参数，可以计算满足本题条件的 5 位数；同时，可以根据传入不同的参数计算满足不同条件的数。输入输出语句置于 if __name__=="__main__": 分支下，使程序文件可以被作为模块导入，使其他程序可以调用这个函数。

下面给出用函数完成的代码，设置默认值参数，使程序具有通用性。

```
def result(n= 5, s= 4, step= 11):
    """接受 3 个默认值参数,默认找出是 11 的倍数的 5 位整数,且此数所有各位数字之
    和是 4 的倍数。"""
    ls = []
    for i in range(10 * * (n - 1), 10 * * n):
        if str(i)[0] = = str(i)[- 1] and  len(set(str(i)[0:- 1]))= = 4:
            if sum(map(int, str(i)))% 4= = 0 and int(str(i)[1]) = = int(str(i)[- 2]) * 4:
                if i% step = = 0:   # i 是 step 的倍数
```

```
            ls.append(i)    # 符合条件的数字加到列表 ls 里
    return len(ls), ls   # 返回符合条件的数的个数和数的列表


if __name__ == '__main__':
    print(* result())    # 无参数时计算
    n = int(input("请输入数字位数:"))
    s = int(input("请输入数字和要整除的数:"))
    b = int(input("请输入数字的因子:"))   # 空格分隔 3 个整数
    print(* result(n, s, b))   # 计算和为大于 s,b 的倍数的 n 位数
```

运行结果:

```
2 [38423, 58025]
请输入数字位数:6
请输入数字和要整除的数:5
请输入数字的因子:15
4 [506805, 508605, 541815, 548115]
```

【例 7-2】 特殊的日期。每个日期可以转成 8 位数字,例如,2023 年 7 月 24 日对应的就是 20230724。要求从当前日期开始向后寻找 2 个 8 位数字都不重复的日期。

8 位数字应排除一些不能表示合法日期的数字,如月份位超过 12 的和日期位超过 31 的数字等,同时最后得到的数字是合法日期。

```
def peculiar_date(date):
    while True:
        date = date + 1  # 从当前日期向后逐日判定
        str_day = str(date) # 整型转字符串
        if len(set(str_day)) < 8:# 转集合判断无重复数字是否< 8 个
            continue    # 忽略无重复数字少于 8 的数字
        elif int(str_day[4:6]) > 12:
            continue   # 忽略月份超过 12 的数字
        elif str_day[4:6] in ['01', '03', '05' ,'07','08','10' ,'12'] and int(str_day[- 2:]) > 31:
            continue   # 以上月份,忽略超过 31 的日期
        elif str_day[4:6] in['04', '06','09','11'] and int( str_day[ - 2:]) > 30:
            continue   # 以上月份,忽略超过 30 的日期' \
        elif str_day[4:6] in['02'] and int( str_day[- 2:]) > 19:
```

```
                continue    # 2月忽略超过19的日期,因为20-29就与2重复
            else:
                return(date)  # 返回满足条件的日期数


if __name__ == "__main__":
    today= int(input("请输入8位的年月日:"))
    date1= peculiar_date(today)
    date2= peculiar_date(date1)
    print("此日后最近的数字互不相等的2个日期是:")
    print(date1," ",date2)   # 输出满足条件的日期
```

运行结果:

```
请输入8位的年月日:20230711
此日后最近的数字互不相等的2个日期是:
23450617    23450618
```

Python 内置了 datetime 库,提供了很多与日期和时间相关的函数。此题可以借助 datetime 库中的一些方法解决,获取今天日期的方法是 datetime.now(),可得到形如"2023-07-28"的日期。返回日期间隔的方法是 timedelta(days=1),括号中的 days=1 表示日期间隔1天。从当前天向后查看每一天的日期中是否有重复数字,前两个出现的没有重复数字日期就是答案。判断日期中是否有重复数字可用集合方法。

```
import datetime

def peculiar_date(date):
    while True:    # 当满足条件的日期个数不到2个时循环
        date= date + datetime.timedelta(days=1) # 今天起依次加一天
        str_day= date.strftime('%Y%m%d')         # 格式化 20230723
        if len(set(str_day))==8:# 判断无重复数8个
            return(date)

if __name__ == "__main__":
    today= datetime.datetime.now()    # 获取今天日期形如 2023-07-23
    date1= peculiar_date(today)       # 得到第一个满足条件的日期
    date2= peculiar_date(date1)       # 得到第二个满足条件的日期
    str_day= date1.strftime('%Y%m%d')          # 格式化 20230723
    print(str_day[:4] + '年' + str_day[4:6] + '月' + str_day[6:] + '日')
```

```
# 输出第 1 个满足条件的日期
    str_day = date2.strftime('% Y% m% d')
    print(str_day[:4] + '年' + str_day[4:6] + '月' + str_day[6:] + '日')
# 输出第 2 个满足条件的日期
```

输出结果：

```
2345 年 06 月 17 日
2345 年 06 月 18 日
```

datetime 是一个非常有用的库，和日期或时间相关的操作几乎都可以找到相关的函数和方法，遇到相关的需求可查阅文档获取帮助。

从当前日期开始向后寻找 20 个 8 位数字都不重复的日期：

```
from datetime import datetime, timedelta


def has_duplicates(n):     # 检查一个日期转换为 8 位数字中是否有重复的数字
    return len(set(str(n))) ! = 8      # 返回 True 就是有重复


today = datetime.now().date()
print(f" {today} ")      # 输出今日日期
found = 0

while found < 20:       # 要找 20 个日期
    # 将日期转换为 8 位数字
    today_num = int(str(today.year) + str(today.month).zfill(2) + str(today.day).zfill(2))
    if not has_duplicates(today_num):    # 日期没有重复
        print(f"{today_num} ",end= ' ')
        found + = 1
        if found% 5= = 0:         # 输出 5 个日期换行
            print()
    today = today + timedelta(days= 1)    # 准备查下一天
```

运行结果：

```
2023- 10- 05
23450617   23450618   23450619   23450716   23450718
```

```
23450719    23450816    23450817    23450819    23450916
23450917    23450918    23460517    23460518    23460519
23460715    23460718    23460719    23460815    23460817
```

7.1.2 集合常用操作方法

集合提供了一些关于元素更新、删除等相关操作的方法。

(1) 向集合 s 中添加一个元素 x 的方法只有一个,即 s.add(x)。

```
s= set('pythhhh')
print(s)           # 返回集合{'p', 'y', 't', 'h'}
s.add('w')         # 向集合中添加元素'w'
print(s)           # {'p', 'w', 'y', 'h', 't'}
```

(2) 删除集合 s 中的一个指定元素 x 的方法是 s.remove(x)或 s.discard(x),两者的区别是当元素 x 在集合 s 中不存在时,s.remove(x)会触发 KeyError 异常,而 s.discard(x)不会触发异常。

```
s= set('pythhhh')
s.remove('h')      # 从集合中删除元素'h'
print(s)           # {'p', 't', 'y'}
s.discard('Z')     # 集合不存在元素 Z 不报错
# s.remove('A')    # 集合不存在元素 A 返回 KeyError;
```

(3) 使用 s.remove(x)删除元素时,建议先做存在性测试,以避免触发异常导致程序无法正常结束。

```
# 若集合中存在元素'A',删除'A',避免异常
s= set('python')
if 'A' in s:
    s.remove('A')
```

(4) s.pop()方法无参数,可以从集合 s 中随机删除一个元素,其返回值是被删除的元素,如果集合 s 为空,则会引发 KeyError 异常。

```
set1= set('panda')
print(set1)        # {'d', 'p', 'n', 'a'}
x= set1.pop()      # pop()会随机删除一个元素,x 值为被删除的元素
print(x,set1)
```

```
set2= set()       # set2 是空集合
x= set2.pop()     # KeyError:'pop from an empty set'
```

(5) s.clear()方法无参数,删除集合 s 中的所有元素,只保留空集合对象;del()可用于删除集合对象。

```
fruits= {'西瓜','石榴','杨桃','西梅'}
fruits.clear()    # 删除集合中的所有元素
print(fruits)     # 返回空集合 set()
del fruits        # 删除集合对象 fruits,对象名 fruits 不可再用
print(fruits)     # NameError; name 'fruits' is not defined
```

集合除了基本操作方法以外,还提供了一系列的标准操作方法以及相应的符号运算,这些知识将放到集合运算中一起讲解。

7.1.3 成员关系

集合是无序的,无法通过引用索引来访问 set 中的元素,但是可以使用 for 循环遍历 set 中的元素,或者可用 x in s 和 x not in s 操作判断数据 x 是否是集合 s 的元素。

```
fruits = {"apple", "banana", "cherry"}
for x in fruits:
  print(x)        # 遍历, 输出"apple", "banana", "cherry"
# 检查 fruits 中是否存在 "banana":
basket = {"apple", "banana", "cherry"}
print("banana" in basket)     # True  快速判断元素是否在集合内
print('orange' in basket)     # True  快速判断元素是否在集合内
print('crabgrass' in basket)  # False 快速判断元素是否在集合内
```

7.1.4 集合关系

当一个集合 s 中的元素包含另一个集合 t 中的所有元素时,称集合 s 是集合 t 的超集(s >= t),或反过来称 t 是 s 的子集(s <= t)。当两个集合中元素相同时,两个集合等价(s==t)。

(1) 关系运算方法 s.issubset(t)

s 是 t 的子集(s<=t), s.issubset(t)返回 True,否则返回 False。

(2) 关系运算方法 s.issuperset(t)

t 是 s 的子集(s>=t) s.issuperset(t)返回 True,否则返回 False。

(3) 关系运算方法 s.disjoint(t)

s 和 t 是否无共同元素,返回 True,否则返回 False。

```
x = {"a", "b", "c"}
y = {"f", "e", "d", "c", "b", "a"}
```

```
print(x.issubset(y))      #  True
print(y.issuperset(x))    #  True
print(x.isdisjoint(y))    #  False
```

【例 7 - 3】 二进制 IP 地址转十进制。一个 IP 地址由 4 个字节(每个字节 8 位)的二进制数组成。请将 32 位二进制数 IP 地址转换为十进制格式表示的 IP 地址输出。十进制格式的 IP 地址由用"."分隔开的 4 个十进制数组成。如果输入的数字不足 32 位或超过 32 位或输入的数字中有非 0 和 1 的数字时,输出"data error!"。

方法一:

输入的字符串未必合法,可能位数不是 32,也可能包含其他字符,这里可以利用集合关系方便地判定输入中是否包括非"0""1"的字符。

　　if set(ip)<={"0","1"}:　　 #ip 合法,set(ip)的元素只能是 "0"或"1"

完整参考代码:

```
"""接受由二进制数表示 IP 的字符串,判定是否为合法 IP,当其合法时返回其对应的十
进制 IP,否则返回 dataerror!"""
ip_bin= input("请输入二进制数表示 IP:")
                                # 如 10110101011101010101111010101010
if len(ip_bin) == 32 and set(ip_bin) <= {'1','0'}:
    ls = [] # 空列表
    for i in range(4):
        ls.append(str(int(ip_bin[i * 8:(i + 1) * 8],2)))
                                 # 每 8 位二进制数变成一个十进制数
    print('对应的点分十进制 IP:'+ '.'.join(ls) )
                                 # 输入合法时返回其对应的点分十进制 IP
else:
    print('data error! ')    # 输入不合法时返回 data error
```

运行 1:

```
请输入二进制数表示 IP:10110101011101010101111010101010
对应的点分十进制 IP:181.117.94.170
```

运行 2:

```
请输入二进制数表示 IP:1100120010010100009101010 11h
data error!
```

方法二:

可以使用位运算符 >> 和 & 把整数转换成 4 个十进制数,然后用"."连接起来。num >> i & 0xFF 这个表达式先把 num 右移 i 位,然后和 0xFF(255)做按位与运算,这样就

得到了一个 0 到 255 之间的整数。这个整数就是 IP 地址的一部分。

```
def binary_to_ip(binary_str):
    # 检查输入是否有效
    if not all(c in '01' for c in binary_str) or len(binary_str) ! = 32:
        return "data error!"

    # 把二进制字符串转换成整数
    num = int(binary_str, 2)

    # 把整数转换成 4 个十进制数,并用"."连接起来
    ip = ".".join(str(num > > i & 0xFF) for i in (24, 16, 8, 0))

    return "对应的点分十进制 IP:"+ ip

ip_bin= input("请输入二进制数表示 IP:")
print(binary_to_ip(ip_bin))
```

运行 1：

```
请输入二进制数表示 IP:11001110101011101100011101011001
对应的点分十进制 IP:206.174.199.89
```

运行 2：

```
请输入二进制数表示 IP:3543546
data error!
```

7.1.5 集合运算

Python 中的集合和数学中的集合概念基本一致,也支持集合的交、差、并等操作,这些运算可以很方便地处理数学中的集合操作。集合运算的方法与含义如表 7-1 所示。

表 7-1　　　　　　　　　　集合运算的方法与含义

操 作 方 法	符　号	含　　义
s. union(t)	s|t	返回新集合,集合元素为 s 和 t 的并集
s. intersection(t)	s&t	返回新集合,集合元素为 s 和 t 的交集
s. difference(t)	s—t	返回新集合,集合元素为 s 和 t 的差

续表

操作方法	符号	含义
s.symmetric_difference(t)	s~t	返回新集合，集合元素为 s 和 t 的对称差，即存在于 s 和 t 中的非交集数据

(1) union(＊others)或 set｜other...
返回一个新集合，其中包含来自原集合以及 others 指定的所有集合中的元素。
(2) intersection(＊others)或 set & other &...
返回一个新集合，其中包含原集合以及 others 指定的所有集合中共有的元素。
(3) difference(＊others)或 set — other—...
返回一个新集合，其中包含原集合中在 others 指定的其他集合中不存在的元素。
(4) symmetric_difference(other)或 set ^other
返回一个新集合，其中的元素或属于原集合或属于 other 指定的其他集合，但不能同时属于两者。

需要注意的是，union( )、intersection( )、difference( )以及 issubset()、symmetdierence()和 isuperset()方法可以接收任意可迭代对象作为参数。但使用它们所对应的运算方式进行运算时，则要求运算符两侧的操作数都是集合。这种规定排除了容易出错的构造形式，如 set('er')&'tyu'，推荐使用可读性更强的函数方法，如 set('er').intersection('tyu')，集合运算示例如下：

```
print(set('erthu').intersection('tyu'))   # {'t', 'u'}
x = {"a", "b", "c"}
z = {"c", "d", "e"}
# 并集:s集合t集合全部的元素
print(x.union(z))   # {'b', 'e', 'a', 'd', 'c'}
print(x|z)

s = set('fruitbook')      # {'b', 'i', 't', 'o', 'u', 'r', 'f', 'k'}
t = set('foodsbook')      # {'b', 'd', 'o', 's', 'f', 'k'}
# 交集:s集合t集合共有的元素
new_set1 = s.intersection(t)    # {'b', 'f', 'k', 'o'}
new_set2 = s & t                # {'b', 'f', 'k', 'o'}
# 差集:s集合中存在,t集合中不存在的元素
new_set1 = s.difference(t)      # {'u', 'r', 't', 'i'}
new_set2 = s - t                # {'u', 'r', 't', 'i'}
# 对称差集 只属于s或只属于t的元素
new_set1 = s.symmetric_difference(t)   # {'i', 'd', 't', 's', 'u', 'r'}
new_set2 = s ^ t                       # {'i', 'd', 't', 's', 'u', 'r'}
```

如果左右两个操作数的类型相同,即都是可变集合或不可变集合,则所产生的结果类型是相同的,但如果左右两个操作数的类型不相同(左操作数是 set,右操作数是 frozensed,或相反情况),则所产生的结果类型与左操作数的类型相同。

使用 union()方法和用符号 '|'操作时对比:

```
# 示例1:使用 union()方法
set1 = {1, 2, 3}
set2 = {3, 4, 5}
list1 = [4, 5, 6]

# 使用 union()方法,参数可以是集合或可迭代数据对象
print(set1.union(set2))    # 输出:{1, 2, 3, 4, 5}
print(set1.union(list1))   # 输出:{1, 2, 3, 4, 5, 6}

# 示例2:使用|运算符
# 使用|运算符,参与运算的两个对象必须都是集合
print(set1 | set2)    # 输出:{1, 2, 3, 4, 5}
# 下面的代码会抛出 TypeError 错误,因为 list1 不是集合
# print(set1 | list1)
```

实际上 Python 也提供了一些集合的操作方法,这些操作方法无返回值,直接作用于集合对象,相当于运算同步赋值。集合标准操作方法及运算符如表 7-2 所示。

表 7-2　　　　　　　　　　集合标准操作方法及符号运算

方　　法	符　号	描　　述
s.update(t)	s=s|t	s 中的元素更新为属于 s 或 t 的成员,即 s 与 t 的并集
s.intersection_update(t)	s=s&t	s 中的元素更新为共同属于 s 和 t 的元素,即 s 与 t 的交集
s.difference_update(t)	s=s-t	s 中的元素更新为属于 s 不包含在 t 中的元素,即 s 与 t 的差集
s.symmetric_difference_update(t)	s=s^t	s 中的元素更新为那些包含在 s 或 t 中,但不是 s 和 t 共有的元素

集合标准操作方法应用:

```
s = set('fruits')    # {'f', 's', 'u', 'i', 't', 'r'}
t = set('foods')     # {'o', 'f', 'd', 's'}
t= ['foods']
s.update(t)    # 等同 s= s|t
```

```
print(s)           # {'f', 'd', 'o', 's', 'u', 'i', 't', 'r'}
s = set('fruits')
s.difference_update(t)    # 等同 s= s- t
print(s)           # {'i', 'r', 'u', 't'}
s = set('fruits')
s.symmetric_difference_update(t)    # 等同# s= s^t
print(s)      # {'i', 'r', 'd', 'o', 'u', 't'}
```

使用集合操作方法时,参数可以是集合或可迭代数据对象,用符号操作时,参与运算的两个对象必须都是集合。

使用 update()方法和用符号'|'操作时对比:

```
# 示例1:使用update()方法
set1 = {1, 2, 3}
set2 = {3, 4, 5}
list1 = [4, 5, 6]

# 使用update()方法,参数可以是集合或可迭代数据对象
set1.update(set2)    # 修改set1,添加set2中的元素
print(set1)    # 输出:{1, 2, 3, 4, 5}
set1.update(list1)    # 修改set1,添加list1中的元素
print(set1)    # 输出:{1, 2, 3, 4, 5, 6}

# 示例2:使用|运算符
# 使用|运算符,参与运算的两个对象必须都是集合
set3 = {7, 8, 9}
print(set1 | set3)    # 输出:{1, 2, 3, 4, 5, 6, 7, 8, 9}
# 下面的代码会抛出TypeError错误,因为list1不是集合
# print(set1 | list1)
```

【例7-4】 随机生成5个[0,11]范围的整数,分别组成集合 A 和集合 B,输出 A 和 B 的内容、长度、最大值、最小值以及它们的并集、交集和差集。

```
import random

# 随机生成5个[0,11]范围的整数,组成集合A
A = set(random.randint(0, 11) for _ in range(5))

# 随机生成5个[0,11]范围的整数,组成集合B
```

```
B = set(random.randint(0, 11) for _ in range(5))

# 输出集合A和B的内容
print(f"集合A：{A}")
print(f"集合B：{B}\n")

# 输出集合A和B的长度
print(f"集合A的长度：{len(A)}")
print(f"集合B的长度：{len(B)}\n")

# 输出集合A和B的最大值和最小值
print(f"集合A的最大值：{max(A)}")
print(f"集合A的最小值：{min(A)}")
print(f"集合B的最大值：{max(B)}")
print(f"集合B的最小值：{min(B)}\n")

# 方法一：输出集合A和B的并集、交集和差集
print(f"集合A和B的并集：{A.union(B)}")
print(f"集合A和B的交集：{A.intersection(B)}")
print(f"集合A和B的差集：{A.difference(B)}")

# 方法二：输出集合A和B的并集、交集和差集
print(f"集合A和B的并集：{A|B}")
print(f"集合A和B的交集：{A&B}")
print(f"集合A和B的差集：{A-B}")
```

运行结果：

```
集合A: {2, 3, 6, 7}
集合B: {3, 4, 7, 8, 9}

集合A的长度：4
集合B的长度：5

集合A的最大值：7
集合A的最小值：2
集合B的最大值：9
集合B的最小值：3
```

```
集合 A 和 B 的并集：{2, 3, 4, 6, 7, 8, 9}
集合 A 和 B 的交集：{3, 7}
集合 A 和 B 的差集：{2, 6}
集合 A 和 B 的并集：{2, 3, 4, 6, 7, 8, 9}
集合 A 和 B 的交集：{3, 7}
集合 A 和 B 的差集：{2, 6}
```

7.2 字　　典

字典(dict)是一种可变数据类型。字典使用一对花括号"{}"来存放数据，数据元素之间用逗号","分隔。每个元素都是个"键：值"(key：value)对，用来表示"键"和"值"的对应关系。字典的存储是按加入顺序存储，但不可用序号索引和切片等方法。字典中的键不可重复，必须是字典中独一无二的数据，键必须使用不可变数据类型的数据，如字符串、整型、浮点型、元组、frozenset 等，不可以使用列表和集合等可变类型数据。字典的值可以是任意类型的数据，也可以重复。

7.2.1　字典的创建

(1) 创建一个不包含任何值的空字典，使用以下方法中的一种。一是通过将一对空的花括号"{}"赋值给一个变量的方法创建空字典；二是用无参数的字典构造器 dict()函数创建空字典。

```
Dict1= {}   # 使用一对不包含任何数据的"{}"创建一个空字典
Dict2= dict()    # 使用无参数的字典构造器 dict()函数创建空字典。
print(Dict1,Dict2)   # 输出{},{}
```

(2) 给一个变量赋值字典类型的数据，或使用 dict()函数将其他类型的数据转为字典都可以创建一个非空字典。

```
# 方法一:将一个字典数据赋值给一个变量,从而创建一个非空字典
Dict1 = {'brand': '比亚迪', 'model': '纯电动', 'year': 2023}
# 方法二:当字典内部出现了键相同的两个及以上键值对时,字典将保留最后一个键值对
作为字典中的数据元素。
Dict2 = {'brand': '奥迪','brand': '比亚迪', 'model': '纯电动', 'year': 2023}
# 方法三:用字典构造器,给键名赋值(创建映射),创建字典,键名不加引号
Dict3 = dict(brand= '比亚迪', model= '纯电动', year= 2023)
# 方法四:用字典构造器,通过包含两个元素(键和值)的序列创建字典
```

```
Dict4 = dict([('brand', '比亚迪'), ('model', '纯电动'), ('year', 2023)])
#  方法五:用内置 zip()函数,产生包含两个元素的序列,通过字典构造器创建字典
Dict5 = dict(zip(('brand', 'model', 'year'), ('比亚迪', '纯电动', 2023)))
```

以上 5 种方法创建的字典中的数据都如下所示:

```
'brand': '比亚迪','model': '纯电动','year': 2023
```

因为字典键值必须不可变,所以可以用数字、字符串或元组充当,列表则不行。如果用列表作为键值,就会报错。例如:

```
dd = {["名称"]:"洗衣机","产地":"上海","价格":5800}    # TypeError:
unhashable type:'list!
```

(3) 使用内建函数 fromkeys()创建字典。
一般形式:dict.fromkeys(seq[,value])

```
h_dict= {}.fromkeys((1,2,3),'student') # {1: 'student', 2: 'student',
                                          3: 'student'}
i_dict= {}.fromkeys((1,2,3))           # {1: None, 2: None, 3: None}
j_dict= {}.fromkeys(())                # {}
```

7.2.2 获取字典值

字典不能使用序号索引的方式获取其值,一般通过"键"来访问其"值",语法如下:

```
dict[key]
```

通过键"key"返回字典"dict"中与该键对应的值。当该键在字典中不存在时,触发 KeyError 异常。

```
dd = {"名称":"洗衣机", "产地":"上海", "价格":"5800"}
print(dd["名称"])      # 输出结果:洗衣机
print(dd["产地"])      # 输出结果:上海
print(dd["价格"])      # 输出结果 5800
```

在 Python 中,访问字典中不存在的键会导致 KeyError 异常。为了避免这种异常,我们可以采用下面两种主要的方法。

在访问键值之前,先检查键是否存在于字典中。这可以通过使用字典的 in 操作符或 get()方法来实现。例如:

```
my_dict = {'a': 1, 'b': 2, 'c': 3}
key = 'd'

# 使用 in 操作符检查键是否存在
if key in my_dict:
    print(my_dict[key])
else:
    print('Key not found')
```

除此之外,还可以使用字典的内置方法 dict.get(key[,defaul])来获取数据。当字典中存在以"key"为键的元素时,则返回该键对应的值,否则返回值 default。如果没有 default 参数,则返回空值 None。建议在获取字典值时,尽可能使用字典的 get()方法以避免键不存在时引发错误。

```
my_dict = {'a': 1, 'b': 2, 'c': 3}
key = 'd'

# 使用 get()方法检查键是否存在
value = my_dict.get(key, 'Key not found')
print(value)

dict = {'高飞':'13712343333','张扬':'1364572222'}
Stu_name= input('请输入要查询的学生姓名:')
tel= dict.get(Stu_name,'此姓名没找到')
print("此学生的重量号码是:"+ tel)
```

使用异常处理来处理 KeyError 异常。这可以通过使用 try/except 语句来实现。例如:

```
my_dict = {'a': 1, 'b': 2, 'c': 3}
key = 'd'

try:
    print(my_dict[key])
except KeyError:
    print('Key not found')
```

在存在映射关系的数据中,取出指定数据时,采用字典方法比利用列表、元组等序列型数据更加简单和高效。应用列表、元组等数据要遍历全部数据,而字典类型可以直接获取对应的值。

字典提供了内置方法 keys()、values()和 items(),可以获取字典中所有的"键""值"和

"键:值"对。返回值是一个可迭代对象,其中的数据顺序与数据加入字典的顺序保持一致,获取方法的描述如表 7-3 所示。

表 7-3　　　　　　　　　　　　　　键值获取方法

方　　法	描　　述
dict.keys()	获取字典 dict 中的所有键,组成一个可迭代数据对象
dict values( )	获取字典 dict 中的所有值,组成一个可迭代数据对象
diet.items()	获取字典 dict 中的所有键值对,两两组成元组,形成一个可迭代数据对象

可以用这三种方法分别查看字典中的键、全部值或全部键值对。

```
dic_country = {"China": 1, "America": 2, "Norway": 3}
print(dic_country.keys())      # 返回可迭代对象,dict_keys(["China",
                                 "America","Norway"}])
print(list(dic_country.keys()))    # 将可迭代对象转为列表 ["China",
                                     "America","Norway"]
print(dic_country.values())    # dict_values([1, 2, 3])
print(dic_country.items())     # dict_items([('China', 1), ('America',
                                 2), ('Norway', 3)])
```

这三种方法返回值都是可迭代数据对象,可对其进行遍历或用 list()将其转为列表,再查看其中的数据。

```
dic_country = {"China": 1, "America": 2, "Norway": 3}
for county in dic_country.keys():    # 遍历可迭代对象 diet_keys()
    print(county, end= ' ')    # China  America  Norway
print()    # 换行
for c, v in dic_country.items():    # 遍历可迭代对象 dic_countrydictitems()
    print(c + ':' + str(v), end= ' ')    # China :1  America :2  Norway :3
print()    # 换行
for v in dic_country.values():    # 遍历可迭代对象 dic_country.values()
    print(v, end= ' ')    # 1  2  3
```

在 Python 中,dict.keys()方法返回一个"视图"对象,该对象的行为类似于一个列表,但它并不是真正的列表。这个视图对象包含了字典的所有键。list(sales.keys())的作用是将这个视图对象转换为一个真正的列表。

然而,在大多数情况下,你可以直接使用 sales.keys()返回的视图对象,就像你使用一个列表一样。如你可以对它进行迭代,检查它的长度等。但是,视图对象并没有列表所有的方法,所以如果你需要使用列表的某个特定方法,如 sort()或 append(),你就需要将视图对象转换为一个真正的列表。

从 Python 3.7 版开始,字典的插入顺序被记住并在迭代时返回,这意味着 sales.keys()和 list(sales.keys())都将按照插入顺序返回键。

简而言之,list(sales.keys())和 sales.keys()在许多情况下的行为是相似的,但它们并不是完全相同的对象。前者是一个列表,而后者是一个字典键的视图对象。

7.2.3 修改字典值

字典是一种可变的数据类型,支持数据元素的增加、删除和修改操作。

(1) 元素值的修改

当键名 key 在字典中存在时,可以使用 dict[key] = value 方法,将 value 值作为字典 dict 中键 key 对应的新值。例如:

```
dd = {"名称":"冰箱","产地":"北京","价格":"6500"}
dd["名称"]= "洗衣机"
print(dd)    # 输出结果{'名称':'洗衣机','产地':'北京',"价格:'6500'}
```

可以用 dict.update(kl=vl[,k2=v2,...])方法同时更新字典中的多个值。当字典 dict 中存在 k1、k2、……时,将对应的值修改为 v1、v2、……,当不存在相应的键时,会将对应的 k1:v1、k2:v2、……键值对加入字典。

```
sales =  {'苹果': 13198, '香蕉': 27502}
sales.update(苹果= 9998,香蕉= 111)      # '苹果'重量更新为 9998
sales.update(葡萄= 6788)         # '葡萄'不存在,键值对加入字典
print(sales)                  # 输出更新后的字典{'苹果': 9998,'香蕉':111,'葡萄': 6788}
```

输出结果:

```
{'苹果': 9998, '香蕉': 111, '葡萄': 6788}
```

(2) 元素的增加

增加字典内的键值对数据,可以使用 dict[newkey] = value 方法,当键名 newkey 字典中不存在时,直接给字典 dict 添加一个新的键 newkey,并赋值为 value。

```
sales =  {'苹果': 13198, '香蕉': 27502}
sales['黄桃'] = 1118     # 新增元素'黄桃':1118
print(sales)      # 输出{'苹果': 13198,'香蕉': 27502,'黄桃': 1118}
```

也可以使用 dict.setdefaul(key[,vaue])方法增加元素,当字典 dict 中存在返回 key 对应的值更新为 value;键 key 不存在时,在字典中增加 key:value 键值对,值 value 省略时,默认设其值为 None。

```
sales = {'苹果': 13198, '香蕉': 27502}
sales.setdefault('西瓜', 45566)    # '西瓜':45566
sales.setdefault(('火龙果'))       # 省略值 None,'火龙果':None
print(sales)       # 输出{'苹果': 13198, '香蕉': 27502, '西瓜': 45566, '火龙果': None}
```

也可以将另一个字典作为 update()的参数,一次性把另一个字典中的键值对全部添加到当前字典中。

```
sales1 = {'苹果': 131, '香蕉': 275}
sales2 = {'西瓜': 455, '火龙果': 9654,'香蕉': 111}
sales1.update(sales2)
print(sales1)    # 输出{'苹果': 131, '香蕉': 111, '西瓜': 455, '火龙果': 9654}
```

Python 3.9 以后的版本支持字典合并运算符"|"和字典更新运算符"|=",上述功能可用以下代码实现:

```
sales1 = {'苹果': 131, '香蕉': 275}
sales2 = {'西瓜': 455, '香蕉': 111}
sales1 |= sales2      # 合并 sales1 与 sales2 到 sales1
print(sales1)      # 输出{'苹果': 131, '香蕉': 111, '西瓜': 455}
sales = sales1 | sales2    # 合并 sales1 与 sales2 到 sales
print(sales)      # 输出{'苹果': 131, '香蕉': 111, '西瓜': 455}
```

【例 7-5】 将一个字典的键和值对调。

```
a_dict= {'a':1,'b':2,'c':3}    # 原字典
print(f"原字典:\n",a_dict)
b_dict= {}              # 新字典初始为空
for key in a_dict:         # 遍历原字典的每一个键
    b_dict[a_dict[key]]= key   # 新字典添加键值对:键是原字典的值,值是原字典的键
print(f"新字典:\n",b_dict)          # 输出新字典
```

运行结果:

```
原字典：
{'a': 1, 'b': 2, 'c': 3}
新字典：
{1: 'a', 2: 'b', 3: 'c'}
```

【例 7-6】 输入一串字符，统计其中单词出现的次数，单词之间用空格分隔开。

```
input_string= input("输入一串英文:")
# 将输入字符串分割为单词列表
words = input_string.split()

# 创建一个空字典来存储单词计数
word_count = {}

# 遍历单词列表,计算每个单词的出现次数
for word in words:
    if word in word_count:
        word_count[word] += 1
    else:
        word_count[word] = 1

print("单词统计结果如下:",word_count)
```

运行结果：

```
输入一串英文:A man who asks a question is a fool for a minute. A man who
does not ask, is a fool for life.
单词统计结果如下: {'A': 2, 'man': 2, 'who': 2, 'asks': 1, 'a': 4, 'question': 1,
'is': 2, 'fool': 2, 'for': 2, 'minute.': 1, 'does': 1, 'not': 1, 'ask,': 1,
'life.': 1}
```

【例 7-7】 编写程序，对用户输入的英文字符串中各字母出现的次数进行统计，统计结果使用字典存放，分别按字母排序输出和按字母出现的次数排序输出。

```
def count_letters(input_string):
    # 初始化一个空字典来存储结果
    letter_count = {}

    # 将输入字符串转换为小写,以便统计时不区分大小写
```

```python
        input_string = input_string.lower()
    
    # 遍历输入字符串中的每个字符
    for char in input_string:
        # 如果字符是字母
        if char.isalpha():
            # letter_count[char]= letter_count.get(char,0)+1    # 此句
              也可统计
            # 如果字母已经在字典中,增加其计数
            if char in letter_count:
                letter_count[char] += 1
            # 否则,将字母添加到字典中,并设置计数为1
            else:
                letter_count[char] = 1
    
    return letter_count

def sort_and_print(letter_count):
    # 按字母排序并输出
    sorted_by_letter = sorted(letter_count.items(), key= lambda x: x[0])
    print("按字母排序:")
    for letter, count in sorted_by_letter:
        print(f"{letter}: {count}")
    
    # 按字母出现次数排序并输出
    sorted_by_count = sorted(letter_count.items(), key= lambda x: x[1], reverse= True)
    print("按字母出现的次数排序:")
    for letter, count in sorted_by_count:
        print(f"{letter}: {count}")

# 获取用户输入
user_input = input("请输入一个英文字符串: ")
letter_count = count_letters(user_input)
sort_and_print(letter_count)
```

运行结果:

```
请输入字符串:Truth will prevail.
{'t': 2, 'r': 2, 'u': 1, 'h': 1, 'w': 1, 'i': 2, 'l': 3, 'p': 1, 'e': 1, 'v': 1, 'a': 1}
```

【例7-8】 销售表修改。用字典存储销售表 sales = {'苹果': 13198, '香蕉': 27502},输入一个水果名和重量值,如果水果名在字典中不存在,就输入字母'N'新增一条记录;如果水果名已经存在,就输入字母'Y'修改其重量;输入其他字符时放弃修改。

```
def modify(fruit):
    if fruit in sales:
        print('水果已存在,输入"Y"修改,其他字符退出')
        if input().upper() == 'Y':
            fruit_weight = input("请输入新重量:")
            sales[fruit] = fruit_weight    # 键存在时,修改键对应的值
            return f'成功修改{fruit}重为{fruit_weight}斤'
    print('水果不存在, 输入"N"新增一条记录, 其他字符退出')
    if input().upper() == 'N':
        fruit_weight = input("请输入重量:")
        sales[fruit] = fruit_weight    # 键不存在时,新增一个元素
        return f'成功插入新记录:{fruit}重为{fruit_weight}斤! '
    return '放弃修改'


if __name__ == "__main__":
    sales = {'苹果': 13198, '香蕉': 27502}
    Fruit = input('请输入水果名:')
    print(modify(Fruit))
```

【例7-9】 定义一个水果字典,里面存放了各个水果的编号和商品名称,定义三个购买记录集合,里面存放购买水果的编号,试着找出所有人都购买的水果、无人购买的水果以及有人购买的水果并输出。

```
# 水果字典,key 为水果编号,value 为水果名称
fruit_dict =   {'01':'苹果','02':'西瓜','03':'桃','04':'杏','05':'百香果','06':'榴莲','07':'梨','08':'石榴'}

# 购买记录集合,存放购买水果的编号
purchase_record1 = {'01','02','08','05','06','07'}
purchase_record2 = {'01','05','07','03','08'}
purchase_record3 = {'01','03','06','08','05','07'}

# 找出所有人都购买的水果
all_purchased = purchase_record1 & purchase_record2 & purchase_record3
```

```
all_purchased_fruits = {fruit_dict[fruit] for fruit in all_purchased}

# 找出有人购买的水果
someone_purchased = purchase_record1.union(purchase_record2).union
(purchase_record3)
someone_purchased_fruits = {fruit_dict[fruit] for fruit in someone_
purchased}
# 找出无人购买的水果
no_purchased = set(fruit_dict.keys()) - someone_purchased
no_purchased_fruits = {fruit_dict[fruit] for fruit in no_purchased}

print("所有人都购买的水果:", all_purchased_fruits)
print("无人购买的水果:", no_purchased_fruits)
print("有人购买的水果:", someone_purchased_fruits)
```

【例7-10】 假设字典dic_city存放了每个人旅游过的城市,内容为{"张三风":["北京","成都"],"李茉绸":["上海","广州","兰州"],"慕容福":["太原","西安","济南","上海"]}。试编写程序,实现以下功能。

① 统计每个人旅游过的城市数目。
② 统计去过上海的人数以及名单。

```
dic_city= {"张三风":["北京","成都"],"李茉绸":[ "上海", "广州", "兰州"], "慕
容福":[ "太原", "西安","济南","上海"]}
for k,v in dic_city.items():
        print(f"{k}去过了{len(v)}个城市")
names= set()
for k,v in dic_city.items():
    if "上海" in v:
        names.add(k)
print(f"去过上海的有{len(names)}人,他们是{','.join(names)}")
```

运行结果:

```
张三风去过了2个城市
李茉绸去过了3个城市
慕容福去过了4个城市
去过上海的有2人,他们是慕容福,李茉绸
```

(3) 元素的删除

删除字典内的数据可以使用内置pop()、popitem()和clear()方法,也可以使用Python的

关键字 del 命令。

dict.pop(key[,default])方法返回字典 dict 中键 key 对应的值,并将键为 key 的值对应的元素删除;如果提供了 default 值,dict 中不存在 key 键时就返回 default,否则将会触发"KeyValue"异常。

```
sales = {'苹果': 13198, '香蕉': 27502}
delkey = sales.pop("苹果")   # 删除键为苹果的元素,返回值是对应的值 13198
print("删除的水果的重量是:", delkey)   # 删除的水果的重量是:13198
delkey = sales.pop('苹果', "此水果不存在")
print("删除的水果的重量是:", delkey)   # 删除的水果的重量是:水果不存在
delkey = sales.pop('苹果')   # 键不存在,触发 KeyError:'苹果'
```

dict.popitem()方法从字典中移除并返回一个元组形式的(键,值)对,键值对会按 LIFO (last in,first out,后进先出)顺序被返回,即每次执行删除位于字典末尾的键值对。(注:Python 3.7 版以前的版本会返回一个任意的键值对。)

del dict[key]:将字典 dict 中键为 key 的元素删除。

```
sales = {'苹果': 13198, '香蕉': 27502}
delitem = sales.popitem()   # 删除并返回字典末尾的一个元素
print('删除的水果是:', delitem)   # 删除的水果是:('香蕉', 27502)
del sales['苹果']   # 删除键为'苹果'的元素
print(sales)   # {}
```

dict.clear()方法会清空字典 dict 中所有数据,dict 成为空字典。

```
sales.clear()  # 清空字典中的所有数据
print(sales)   # {}
```

【例 7-11】 以下是某电商卖家在售产品价目一览表。

产 品 名 称	价格/元
钢　笔	77
圆珠笔	47
彩　笔	36
签名笔	110

试编写程序,实现以下功能:

① 使用字典 myDict 存放表中的信息,产品名称作为键,价格作为值。

② 输出所有在售产品的价目表。格式为：

钢　笔…………77 元

圆珠笔…………47 元

彩　笔…………36 元

签名笔…………110 元

③ 输出所有产品的价格。

④ 输出价格最高的产品的价格。

```
myDict= {'钢 笔':77,'圆珠笔':47,'彩 笔':36,'签名笔':110}
print('\t 价目表')
for k,v in myDict.items():
    print(k+ '\t…………\t'+ str(v))
lst= []
for v in myDict.values():
    lst.append(v)
print('所有产品的平均价为:{}'.format(sum(lst)/len(lst)))
newlst= [(v,k) for k,v in myDict.items()]
newlst.sort()
print(f'价格最高的产品是:{newlst[- 1][1]}')
```

输出结果：

```
    价目表
钢　笔…………77
圆珠笔…………47
彩　笔…………36
签名笔…………110
所有产品的平均价为:73.0
价格最高的产品是:签名笔
```

【例 7-12】 用字典表示通讯录,可以进行联系人的添加、删除、更改、查询、显示。

```
def communicate_add(dict_local):    # 通讯功能(增加联系人)
    print('添加联系人'.center(40, '_'))
    name = input("请输入新建联系人姓名:")
    while True:
        val = input("请输入联系人电话号码:")
        if val.isdigit():
            dict_local[name]= val
```

```python
            break
    print('添加成功'.center(40, '_'))


def communicate_delete(dict_local):      # 通讯功能(删除联系人)
    print('删除联系人'.center(40, '_'))
    name = input('请输入想要删除的联系人姓名:')
    try:
        dict_local.pop(name)
        print('删除成功'.center(40, ' '))
    except:
        print('查无此人'.center(40, '_'))

def communicate_change(dict_local):      # 通讯功能(更改联系人)
    print('更改联系人'.center(40, '_'))
    while True:
        name = input('请输入要更改联系人的姓名:')
        try:
            phone = dict_local[name]
            print('原电话号码:', phone)
            break
        except:
            print('查无此人')
    while True:      # 循环,直到输入全数字
        val = input("新的电话号码为:")
        if val.isdigit():
            dict_local[name]= val
            print('更改成功'.center(40, '_'))
            break

def communicate_find(dict_local):      # 通讯功能(查找联系人)
    print('查找联系人'.center(40, '_'))
    name = input("请输入要查找的联系人姓名:")
    try:
        phone = dict_local[name]
        print(phone)
        print('查找成功'.center(40, '_'))
    except:
```

```python
        print('     查无此人！')


def communicate_all(dict_local):      # 通讯功能(联系人大全)
    print('通讯功能'.center(40, '_'))
    for i, j in dict_local.items():      # 遍历通讯录
        print(i, j)
    print(''.center(43, '_'))

dict_local = {'陈灿灿':1371234567,'吴林':1383456876}       # 通讯录初始状态
print('通讯功能'.center(40, '_'))
print('1.添加联系人'.center(40, ' '))
print('2.删除联系人'.center(40, ' '))
print('3.更改联系人'.center(40, ' '))
print('4.查询联系人'.center(40, ' '))
print('5.所有联系人'.center(40, ' '))
print('退出请按 0'.center(40, ' '))
print(''.center(43, '_'))
flag = 1
while flag == 1:
    number = input('请选择您需要的功能(输入前面的序号):')
    if '012345'.find(number) == -1:continue      # 如果选择不对,则重新选择
    if number == '1':
        communicate_add(dict_local)
    elif number == '2':
        communicate_delete(dict_local)
    elif number == '3':
        communicate_change(dict_local)
    elif number == '4':
        communicate_find(dict_local)
    elif number == '5':
        communicate_all(dict_local)
    elif number == '0':
        break
    print('请按相应序号:0.退出 1.添加 2.删除 3.更改 4.查询 5.显示')
```

运行结果：

```
_____通讯功能_____
            1.添加联系人
```

```
            2.删除联系人
            3.更改联系人
            4.查询联系人
            5.所有联系人
            退出请按 0
_____
请选择您需要的功能(输入前面的序号):5
_____通讯功能_____
陈灿灿 1371234567
吴林 1383456876
_____
请按相应序号:0.退出 1.添加 2.删除 3.更改 4.查询 5.显示
请选择您需要的功能(输入前面的序号):1
_____添加联系人_____
请输入新建联系人姓名:tom
请输入联系人电话号码:46899ty
请输入联系人电话号码:13456896
_____添加成功_____
请按相应序号:0.退出 1.添加 2.删除 3.更改 4.查询 5.显示
请选择您需要的功能(输入前面的序号):4
_____查找联系人_____
请输入要查找的联系人姓名:tom
13456896
_____查找成功_____
请按相应序号:0.退出 1.添加 2.删除 3.更改 4.查询 5.显示
请选择您需要的功能(输入前面的序号):0
```

7.2.4 字典排序输出

字典可以作为排序函数 sorted() 的参数,排序返回结果为列表,其语法如下:

```
sorted( iterable, * ,key= None, reverse = False)
```

其中,iterable 表示可以代的对象,可以是 dict.items()、dict.keys(()等,key 是一函数,用来选取参与比较的元素及其运算,reverse= False,默认是升序,设置 reverse = True 时按降序排序。

输出时按键排序比较简单,直接使用 sorted(dict.keys())就能获得字典所有键并按照升序排序;使用 sorted(dict.items())就能获得字典所有键值对并按照升序排序;如果想按照逆序排序,则只要设 reverse = True 即可。对字典的值(value)排序可以用 key 参数结合 lambda 表达式的方法完成。

可用 sorted()等一些应用于序列的方法对字典进行排序。

```
sales = {'苹果': 13, '杏': 27, '桃': 455}
print(sorted(sales))     # ['杏','桃','苹果']  注意:只排列了键,且结果是列表
print(sales.keys())      # dict_keys(['苹果','杏','桃'])
print(sorted(sales.keys()))# ['杏','桃','苹果']  注意:结果是列表
print(sales.values())    # dict_values([13, 27, 455])
print(sorted(sales.values()))# [13, 27, 455]        注意:结果是列表
print(sales.items())     # dict_items([('苹果', 13), ('杏', 27), ('桃',
                           455)]) 注意:元素是元组
print(sorted(sales.items()))
             # 根据键排序[('杏', 27), ('桃', 455), ('苹果', 13)] 注意:
             结果是列表
print(sorted(sales.items(),key= lambda item:item[1]))
             # 根据值排序# [('苹果', 13), ('杏', 27), ('桃', 455)]
```

这里的 sales.items()实际上是将字典 sales 转换为可迭代对象,迭代对象的元素('Tom', 21)、('Bob',18)、('Jack',23)、('Ana',20),即将字典的元素转化为元组。lambda 表达式中,item 表示输入的元组,如('苹果', 13);item[1]表示 lambda 数的返回值,索引号为 1,表示 1 为比较参数。采用这种方式可以对字典的值进行排序,排序后的返回值是一个列表,而原字典中的键值对被转为了列表中的元组。

【例 7-13】 给定一个字典,然后按键(key)或值(value)对字典进行排序。

```
# 声明字典
key_value = {}
# 初始化
key_value[2] = 516
key_value[1] = 2
key_value[4] = 27
key_value[3] = 341
# 查看字典
print("字典:",key_value)
print("字典的键(key)排序输出:",sorted(key_value))
print("按字典键序输出:")
for i in sorted(key_value):
    print((i, key_value[i]), end= " ")     # 按字典键序输出
print()      # 换行
print("按字典值序输出:")
print(sorted(key_value.items(), key= lambda kv: (kv[1])))
```

运行结果：

```
字典：{2: 516, 1: 2, 4: 27, 3: 341}
字典的键(key)排序输出：[1, 2, 3, 4]
按字典键序输出：
(1, 2) (2, 516) (3, 341) (4, 27)
按字典值序输出：
[(1, 2), (4, 27), (3, 341), (2, 516)]
```

【例 7-14】 字典列表排序

```
lis = [{"名": "Fred", "id": 10},
       {"名": "Bill", "id": 7},
       {"名": "Mary", "id": 15},
       {"名": "Jack", "id": 20}]
print("列表通过 id 升序排序：")
print(sorted(lis, key= lambda i: i['id']))      # 通过 id 升序排序
print("列表通过 id 和 名 排序：")
print(sorted(lis, key= lambda i: (i['id'], i['名'])))
                                # 先按 id 升序排序,id 相同时再按名升序排序
print("列表通过 id 降序排序：")
print(sorted(lis, key= lambda i: i['id'], reverse= True))
                                # 按 id 降序排序
```

运行结果：

```
列表通过 id 升序排序：
[{'名': 'Bill', 'id': 7}, {'名': 'Fred', 'id': 10}, {'名': 'Mary', 'id': 15}, {'名': 'Jack', 'id': 20}]
列表通过 id 和 名 排序：
[{'名': 'Bill', 'id': 7}, {'名': 'Fred', 'id': 10}, {'名': 'Mary', 'id': 15}, {'名': 'Jack', 'id': 20}]
列表通过 id 降序排序：
[{'名': 'Jack', 'id': 20}, {'名': 'Mary', 'id': 15}, {'名': 'Fred', 'id': 10}, {'名': 'Bill', 'id': 7}]
```

本章小结

本章主要讲解了集合与字典两种可变数据类型，这两种数据类型都是用大括号"{}"作为

数据的界定符,不能使用序号索引的方式获取其值,也不支持对其进行切片的操作,但都是可迭代数据,可用于循环。

集合类型不包含重复的数据,经常被用于去除重复元素和求取对象元素的交集和差集等操作,其元素是无序的,不能直接对集合进行排序。需要排序输出时,可先转为列表,再排序输出。空集合需要用 set()函数创建。

字典可使用 dict()函数或一对大括号"{}"来创建。每个字典元素都是一个"键:值"对,字典中的键具有唯一性,不可重复,且必须是不可变数据类型,可通过键访问其值。

本章练习

1. 写出程序的运行结果。

```
d = {'Mary':'mary@ mail.com','Tony':'Tony@ mail.com'}
d['Jim'] = 'Jim@ 163.com'
del d['Tony']
s = list(d.keys())
s = sorted(s)
print(s)
```

2. 写出程序的运行结果。

```
nums = {}
nums[(0, 1, 2)]= 4
nums[(0, 1)] = 5
nums[(1, 0)] = 2
sum = 0
for k in nums:
    sum += nums[k]
print(len(nums), sum, nums)
```

3. 写出程序的运行结果。

```
s = set('ghghabab')
x = {x for x in s if x not in 'gh'}
print(s)
print(x)
print(s- x)
print(s|x)
print(s^x)
print(s&x)
```

4. 从键盘输入整数 f,判断它是否是集合 x、y、z 的元素,要求集合 x 从键盘输入,请补充程序。

```
k= int(input("请输入一个整数:"))
x= set()
for i in range(5):
    x.add(int(input("请给集合 x 输入一个整数:")))
y= {34,45,17,32}
z= {5,8,91}
if k in x :
    f= _____
    print(f'{k}在{f}集合中')
elif k in y :
    f= _____
    print(f'{k}在{f}集合中')
elif k in z :
    f= _____
    print(f'{k}在{f}集合中')
else :
    print(f'{k}不在集合中')
```

5. 创建由 Monday～Sunday(代表星期一到星期天)的 7 个值组成的字典,输出键列表、值列表以及键值列表。请补充程序。

```
dates= {'monday':1,'tuesday':2,'wednesday':3,
        'thursday':4,'firday':5,'saturday':6,
        'sunday':7,}
print("键列表:",list(dates.keys()))
print("值列表:", _____ )
print("键值列表:",list(dates.items()))
```

6. 输入一系列以逗号分割的英文名字,其中包含重复的名字,请将其中重复的名字去掉。输出包含不重复人名的列表,名字出现顺序与输入顺序相同。请补充程序。

```
str= input("输入一系列以逗号分割的英文名字:")
x1= str.split(',')
print(x1)
set1= set(x1)
print(set1)
list1= []
```

215

```
for c in x1:
    if (c in set1):
        list1._____
        set1.remove(c)
print("不重复的英文名字:",list1)
```

运行如下:

```
输入一系列以逗号分割的英文名字:Tom,Mary,Tom,Joe
['Tom', 'Mary', 'Tom', 'Joe']
{'Joe', 'Mary', 'Tom'}
不重复的英文名字: ['Tom', 'Mary', 'Joe']
```

7. 输入一个非空字符串,去除重复的字符后,从小到大排序,输出为一个新字符串。请补充程序。

```
str= input("输入一个非空字符串:")
set1= set(str) # 集合里去重
list1= _____ # 用集合元素建立列表
list1.sort() # 列表元素排序
print("去除重复的字符后排序后的新字符串:",''.join(list1))
```

运行如下:

```
输入一个非空字符串:gdgdgsgddg
去除重复的字符后排序后的新字符串: dgs
```

8. 输入一组 6 名学生的姓名和成绩,输出其中最高分和最低分,并求全组同学的平均分。要求利用字典和列表实现。请补充程序。

```
count= 6
s= []
for i in range(count):
    print("第{0}位同学".format(i+ 1))
    name= input('name:')
    score= input('score:')
    t= _____
    t['name']= name
    t['score']= int(score)
```

```
        s+ = [t]
max= 0
min= 0
sum= 0
for i in range(count):
    if s[max ]['score']< _____ :
        max = i
    if s[min]['score'] > _____ :
        min = i
    sum + = s[i]['score']
print('最高分:'+ s[max]['name']+ ' '+ str(s[max]['score']))
print('最低分:'+ s[min]['name']+ ' '+ str(s[min]['score']))
print('平均分:'+ str(sum/count))
```

9. 随机生成 10 个[0,10]范围内的整数,分别组成集合 A 和集合 B,输出 A 和 B 的内容、长度、最大值、最小值以及它们的并集、交集和差集。请补充程序。

```
import random
def get_random_list():
    random_list= []
    for j in range(5):
        x= random.randint(0,11)
        random_list._____
    return set(random_list)

a= get_random_list()
b= get_random_list()
print(f"集合 A:{a},长度:{len(a)},最大值:{max(a)},最小值:{min(a)}")
print(f"集合 B:{b},长度:{len(b)},最大值:{max(b)},最小值:{min(b)}")
print(f"A 和 B 的并集为:{a|b},交集为:{a&b},差集为:{a- b}")
```

10. 设计一个字典,并编写程序,用户输入内容作为键,然后输出字典中对应的值,如果用户输入的键不存在,则输出"您输入的键不存在!"。请补充程序。

```
d = {'sjn': '1', 'daning': 2, 'jit': 3, 'nanjing': 4}
a = input("请输入键:")
print(d.get(_____, "您输入的键不存在!"))
```

11. 请补充程序。字符串 a = "aAsmr3idd4bgs7Dlsf9eAF"。
(1) 请将 a 字符串的数字取出,并输出成一个新的字符串。

(2) 请统计 a 字符串中每个字母的出现次数(忽略大小写,a 与 A 是同一个字母),并输出成一个字典。如{'a':3,'b':1}。

(3) 请去除 a 字符串多次出现的字母,仅留最先出现的一个,大小写不敏感。如'aAsmr3idd4bgs7Dlsf9eAF',经过去除后,输出'asmr3id4bg7lf9e'。

(4) 按 a 字符串中字符出现频率从高到低输出到列表,如果次数相同则按字母顺序排列。

```
a = "aAsmr3idd4bgs7Dlsf9eAF"
str_digit = ''
# 将 a 字符串的数字取出,组成一个新的字符串
for i in a:
    if i.isdigit():
        _____

print(str_digit)   # 输出新的字符串
# 统计 a 字符串中每个字母的出现次数(忽略大小写)
lower_a = a.lower()   # 小写
c = {key: lower_a.count(key) for key in lower_a if key.isalpha()}
print(c)
# 去除 a 字符串中重复出现的字母
result = []
for i in a:
    if i not _____
        if ('A' <= i <= 'Z') and (i.lower() not in result):
            result.append(i)
        elif ('a' <= i <= 'z') and (i.upper() not in result):
            result.append(i)
        elif not i.isalpha():
            result.append(i)
print("".join(result))
# 按 a 字符串中字符出现频率从高到低输出到列表,如果次数相同则按字母顺序排列
l = ([(x,a.count(x)) for x in set(a)])
l.sort(key= lambda k:k[1],reverse= True)
print(l)
```

12. 请补充程序。键盘输入一组水果,统计各类型的数量,输出类型为数量由多到少,以英文冒号分隔,每个类型一行。

```
s = input("请输入一组水果:")
fruits = s.split(" ")
```

```
d = _____
for fruit in fruits:
    d[fruit] = d.get(fruit, 0) + 1
ls = list(d.items())
ls.sort(key = lambda x:x[1], reverse = True)
print("输出结果如下:")
for i in ls:
    print(f"{i[0]}: {i[1]}")
```

请输入一组水果：草莓、草莓、西瓜、梨、西瓜、梨、草莓。

输出结果：

草莓: 3
西瓜: 2
梨: 2

第 8 章 文件操作

学习目标

掌握文件的打开函数 open()。
掌握文件的关闭方法 close()。
掌握文件的读取方法。
掌握文件的写入方法。
了解 CSV 文件的特点。
掌握 CSV 模块中的常用方法。
掌握 JSON 文件的读写操作。
掌握使用 NumPy 读写文件的方法。
了解文件夹的常用函数用法。

前面的学习中将数据存储于数据对象和变量中,这种存储是暂时的,数据在程序运行结束后就会丢失。如果希望程序运行结束后仍然保留数据,就需要将数据保存到文件中。本章将介绍 Python 如何对文件进行操作,你将学习对文件进行打开、关闭以及读写操作的方法,包括针对 CSV 文件、JSON 格式、NumPy 库的操作方法以及文件夹操作的常用函数,从而实现长久保存信息并允许重复使用和反复修改。

8.1 文件打开与关闭

对数据文件进行文件操作,使用 Python 访问文件时,首先应使用内置函数 open() 打开文件,创建文件对象,再利用该文件对象执行读写操作。文件对象被创建成功后,会以指针的形式记录文件的当前位置,以便执行读写操作。对于以 r、r+、rb+ 的读文件方式,或以 w、w+、wb+ 的写文件方式打开的文件,初始时,文件指针均指向文件的头部。

8.1.1 文件打开

使用内置的 open() 函数创建文件对象的语法格式如下:

```
open(file_name[, access_mode[, buffering [, encoding]]])
```

一般把文件对象赋值给一个变量(例如,fileObject),该变量称为文件对象变量。语法格式如下:

```
fileObject = open(file_name[, access_mode [, buffering [, encoding]]])
```

说明:

(1) file_name 是要访问的文件名,文件所在路径可以使用绝对路径或相对路径。

(2) access_mode 是打开文件的模式,可以是只读(r)、写入(w)、追加(a)等,"+"表示对打开文件进行更新(读和写)。此参数是可选的,默认文件访问模式为只读(r)。其他打开模式见表 8-1,表中 b 代表二进制格式文件,t 代表文本格式文件(可以省略)。

表 8-1 文件打开模式一览

模 式	描 述
r 或 rt	以只读模式打开一个已存在的文本格式文件
rb	以只读模式打开一个已存在的二进制格式文件
r+或 rt	以读/写模式打开一个已存在的文本格式文件
rb+	以读/写模式打开一个已存在的二进制格式文件
w 或 wt	以只写模式打开一个文本格式文件。如果文件已存在,就将其覆盖;如果文件不存在,就创建新文件
wb	以只写模式打开一个二进制格式文件。如果文件已存在,就将其覆盖;如果文件不存在,就创建新文件
w+或 wt+	以读/写模式打开一个文本格式文件。如果文件已存在,就将其覆盖;如果文件不存在,就创建新文件
wb+	以读/写模式打开一个二进制格式文件。如果文件已存在,就将其覆盖;如果文件不存在,就创建新文件
a 或 at	以追加模式打开一个文本格式文件。如果文件已存在,文件指针就位于文件的结尾,即新内容写到已有内容之后;如果文件不存在,就创建新文件进行写入
ab	以追加模式打开一个二进制格式文件。如果文件已存在,文件指针就位于文件的结尾,即新内容写到已有内容之后;如果文件不存在,就创建新文件进行写入
a+或 at+	以读/写模式打开一个文本格式文件。如果该文件已存在,文件指针就位于文件的结尾,文件以追加模式打开;如果该文件不存在,就创建新文件用于读、写
ab+	以读/写模式打开一个二进制格式文件。如果文件已存在,文件指针就位于文件的结尾;如果该文件不存在,就创建新文件用于读写

(3) buffering 表示缓冲区的策略选择。若为 0,则不使用缓冲区,直接读写,仅在二进制模式下有效;若为 1,则仅用于文本模式,表示使用行缓冲区方式;若为大于 1 的整数,则表示缓冲区的大小;若为－1,则表示使用系统默认的缓冲区大小。如果省略参数 buffering,则使用如下默认策略。

① 对于二进制文件,采用固定块内存缓冲区方式,内存块的大小由系统设备分配的磁盘块决定。

② 对于文本文件[使用 isatty()判断为 True],采用行缓冲区的方式。其他文本文件采用与二进制文件一样的方式。

(4) encoding 指定文件使用的编码格式,只在文本模式下使用。默认编码格式依赖于操作系统,在 Windows 下默认的文本编码格式为 ANSI。若要以 Unicode 编码格式创建文本文件,该参数就设置为"utf-16";若要以 UTF-8 编码格式创建文件,该参数就设置为"utf-8"。

(5) 一个文件被打开后,将返回一个文件对象,通过文件对象的相关属性得到与该文件相关的信息。表 8-2 是与文件对象相关的属性,语法格式中的 fileObject 表示使用 open()函数创建的文件对象名。如果文件不能打开,就抛出异常 OSError。

表 8-2　　　　　　　　　　　　　文件对象相关属性

属　　性	描　　述
fileObject.closed	如果文件已被关闭,就返回 True,否则就返回 False
fileObject.mode	返回被打开文件的访问模式
fileObject.name	返回文件的名称
fileObject.softspace	用 print 输出后,必须跟一个空格符,返回 False,否则返回 True
fileObject.encoding	返回文件编码
fileObject.newlines	返回文件中用到的换行模式,是一个元组对象

【例 8-1】 打开一个文件并显示相关属性。

```
file = open("I:/Spyder/temp.py", "r", -1, "utf-8")
# 输出文件对象的相关属性
print("文件名:", file.name)
print("文件对象类型:", type(file))
print("文件缓冲区:", file.buffer)
print("文件访问模式:", file.mode)
print("文件编码方式:", file.encoding)
print("文件换行方式:", file.newlines)
print("文件是否已关闭:", file.closed)
file.close()
```

```
print("执行 close()方法后")
print("文件是否已关闭:", file.closed)
```

运行结果：

```
文件名: I:/Spyder/temp.py
文件对象类型: < class '_io.TextIOWrapper'>
文件缓冲区: < _io.BufferedReader name= 'I:/Spyder/temp.py'>
文件访问模式: r
文件编码方式: utf- 8
文件换行方式: None
文件是否已关闭: False
执行 close()方法后
文件是否已关闭: True
```

8.1.2 文件关闭

文件操作完成后，若不再使用该数据文件，就应该将其关闭，以释放所占用的内存空间。文件对象的 close()方法用来刷新缓冲区中所有还没写入的信息，并关闭该文件。关闭文件后不能再执行写入操作。另外，当一个文件对象的引用被重新指定给另一个文件时，将关闭之前的文件。close()方法的语法格式如下：

```
fileObject.close()
```

其中，fileObject 是文件对象名。文件关闭后就不能访问该文件对象的属性和方法了。如果在一个文件关闭后还对其进行操作，就将产生 ValueError。如果希望继续使用该文件，则必须用 open()函数再次打开文件。

8.2 文件读写操作

在 Python 语言中，使用内置函数 open()以某种模式打开一个文件后，通过调用文件对象的相关方法可以很容易对文件进行读写操作。

8.2.1 读文件

Python 可以读取文本文件或二进制文件，在用 open()函数以只读模式或读/写模式打开一个文本文件或二进制文件后，调用该文件对象的 read()、readline()和 readlines()方法从文件中读取文本内容。打开的文件在读取时可以一次性全部读入，也可以逐行读入，或读取指定位置的内容。

(1) 用 read()方法读取文本

文件对象的 read()方法用于从当前位置读取指定数量的字符,并以字符串形式返回,语法格式如下:

```
fileObject.read([size])
```

或,

```
变量名 = fileObject.read([size])
```

在打开的文件中读取一个字符串,从文件指针的当前位置开始读入。参数 size 是一个可选的非负整数,用于指定从指针当前位置开始要读取的字符个数;如果省略,则默认从指针当前位置到文件末尾的内容。因为刚打开文件时指针当前位置是 0,所以省略 size 会读取文件的所有内容。

Python 中的字符串可以是二进制数据,而不仅仅是文本数据。其中,fileObject 是文件对象变量名。

刚打开文件时,当前读取位置在文件开头。每次读取内容之后,读取位置会自动移到下一个字符,直至达到文件末尾。如果当前处在文件末尾,则返回一个空字符串。

【例 8-2】 read()方法应用示例。

```
file1 = open("I:/Spyder/a.txt", "r")    # 只读模式打开文本文件,把文件对象赋
                                        值给变量
text = file1.read()                     # 用文件对象调用 read()方法,读取文
                                        件全部内容,赋值给字符串变量 text
print("a.txt:")
print(text)                             # 输出文本文件中的所有内容
file1.close()                           # 关闭文件
file2 = open("I:/Spyder/b.txt", "r+ ")# 打开另外一个文件 b.txt
text = file2.read(50)                   # 读取文件中的前 50 个字节,并赋值给
                                        字符串变量 text
print("b.txt:")
print(text)                             # 输出文本文件中的前 50 个字节内容
file2.close()                           # 关闭文件
```

执行程序前,先用记事本创建两个文本文件 a.txt、b.txt,并保存在"D:\PythonCode"文件夹中。这两个文件的内容相同,文件内容如下:

```
abcde00000abcde00000abcde00000abcde00000
1a2b34567
2a2b34567
3a2b34567
```

```
4a2b34567
5a2b34567
```

运行结果：

```
a.txt:
abcde00000abcde00000abcde00000abcde00000
1a2b34567
2a2b34567
3a2b34567
4a2b34567
5a2b34567
b.txt:
abcde00000abcde00000abcde00000abcde00000
1a2b34567
```

(2) 用 readline()方法读取文本

文件对象的 readline()方法是从当前行的当前位置开始读取指定数量的字符，并以字符串形式返回，语法格式如下：

```
fileObject.readline([size])
```

或，

```
变量名= fileObject.readline([size])
```

参数 size 是一个可选的非负整数，指定从当前行的当前位置开始读取的字符数。如果省略 size，则读取从当前行的当前位置到当前行末尾的全部内容，即读①行，包括换行符"\n"（未提供参数 size）。如果参数 size 的值大于从当前位置到行尾的字符数，则仅读取并返回这些字符，包括"\n"字符在内。

刚打开文件时，当前读取位置在第一行；每读完一行，当前读取位置自动移至下一行，直至到达文件末尾，则返回一个空字符串。

【例 8-3】 使用 readline()方法，分行、分批读取 Unicode 编码格式的文本文件，要求过滤掉文本行末尾的换行符。通过字符串切片操作可以过滤掉文本行末尾的换行符，即把包含换行符的字符串加上"[:-1]"。

```
file = open("I:/Spyder/data8- 3.txt", "r", - 1, "utf- 8")
line = file.readline(3)
print(line)
line = file.readline()
```

```
print(line[:- 1])      #  本行与下一行之间没有空行
line =  file.readline(3)
print(line)
line =  file.readline()
print(line)            #  本行与下一行之间有空行
line= file.readline()
print(line)            #  本行与下一行之间有空行
file.close()
```

用记事本输入如下内容,以 Unicode 编码保存,存储路径为"I:\Spyder\data8—3.txt"。

```
Yesterday Once More
等待我最喜欢的歌曲
Waiting for my favorite songs.
```

运行结果:

```
Yes
terday Once More
等待我
最喜欢的歌曲

Waiting for my favorite songs.
```

(3) 用 readlines()方法读取文本

文件对象用 readlines()方法读取所有可用的行,并返回这些行所构成的列表类型(list),语法格式:

```
fileObject.readlines([size])
```

或,

```
变量名 =  fileObject.readlines([size])
```

size 参数表示读取内容的总字节数,即只读文件的一部分。readlines()方法返回一个列表,文本文件的每一行作为该列表的一个成员字符串,包括换行符"\n"在内。如果当前处于文件末尾,则返回一个空列表。

8.2.2 写文件

Python 可以写文本文件或二进制文件,在用 open()方法以只写模式或读/写模式打开一个文本文件或二进制文件后,将创建一个文件对象,调用文件对象的 write()方法和 writelines()方法向文件中写入文本内容。

(1) 使用 write()方法写入文本内容

文件对象用 write()方法向当前位置写入字符串,并返回写入的字符个数,语法格式:

```
fileObject.write(str)
```

文件对象参数 fileObject 是用 open()函数打开文件时返回的文件对象。str 参数是一个字符串,是要写入文件的文本内容。write()不会在字符串 str 后加上换行符(\n)。

当以可读/写模式打开文件时,因为完成写入操作后,当前读/写位置的文件指针处在文件末尾,所以此时无法直接读取到文本内容,需要使用 seek()方法将文件指针移动到文件开头。

【例 8-4】 创建一个 Unicode 编码格式的文本文件,输入文本内容,然后输出该文件中的文本内容。

```
file = open("I:/Spyder/data8_4.txt", "w+ ", encoding = "utf- 16")
print("请输入文本内容(QUIT= 退出)")
print("- "* 50)
line = input("请输入:")
while line.upper() ! = "QUIT":
    file.write(line+ "\n")
    line = input("请输入:")
file.seek(0) #  文件当前位置移到文件开头
print("- "* 50)
print("输入的文本内容如下:")
print(file.read())
file.close()
```

运行结果:

```
请输入文本内容(QUIT= 退出)
- - - - - - - - - - - - - - - - - - - - - - - - - - - - - - - - - - - - - - - - - - - - - - - - - - -
请输入:aaabbbccc
请输入:10101010101010
请输入: quit
- - - - - - - - - - - - - - - - - - - - - - - - - - - - - - - - - - - - - - - - - - - - - - - - - - -
输入的文本内容如下:
aaabbbccc
10101010101010
```

(2) 使用 writelines()方法写入文本内容

文件对象用 writelines()方法在文本流当前位置依次写入指定列表中的所有字符串,语法格式:

```
fileObject.writelines(seq)
```

文件对象参数 fileObject 是用 open()函数打开文件时返回的文件对象。seq 是一个字符串列表对象,seq 是要写入文件中的文本内容,并且不会在字符串的结尾添加换行符(\n)。

当以可读/写模式打开文件时,因为完成写入操作后文件指针位于文件末尾,所以此时无法直接读取文本内容,需要使用 seek()方法将文件指针移动到文件开头。

【例 8-5】 通过追加可读/写模式打开例 8-4 中创建的文本文件,输入文本内容将其添加到该文件末尾,然后输出该文件中的所有文本内容。

```
file = open("I:/Spyder/data8_4.txt", "a+ ", encoding= "utf- 16")
print("请输入文本内容(QUIT= 退出) ")
print("- "* 50)
lines = []
line = input("请输入: ")
while line.upper() ! = "QUIT":
    lines.append(line+ "\n")    # 在列表尾部添加元素
    line = input("请输入: ")
file.writelines(lines)    # 把列表写入文件
file.seek(0)    # 将文件指针移动到文件开头
print("- "* 50)
print("文件{0}中的文本内容如下: ".format(file.name))
print(file.read())
file.close()
```

运行结果:

```
请输入文本内容(QUIT= 退出)
- - - - - - - - - - - - - - - - - - - - - - - - - - - - - -
请输入: yesyesyes
请输入: nonono12345678
请输入: quit
- - - - - - - - - - - - - - - - - - - - - - - - - - - - - -
文件 I:/Spyder/data8_4.txt 中的文本内容如下:
aaabbbccc
10101010101010
```

```
yesyesyes
nonono12345678
```

【例 8-6】 文件写入方法示例。

```
file1 = open("I:/Spyder/addtext.txt", "a+ ")   # 文件打开模式为追加方式
s1= "begining\n"   # s1 是一个字符串
s2= ["Hello\n", "How are you\n", "I am fine\n"]
# s2 是一个列表
file1.write(s1)   # write()方法写入字符串
file1.writelines(s2)   # writelines()方法写入列表
file1.close()   # 关闭文件
file2 = open("I:/Spyder/addtext.txt", "r")   # 打开刚才写入的文件
print(file2.read())   # 读取文件所有内容并输出
file2.close()   # 关闭文件
```

运行程序后用记事本打开 addtext.txt 文件,可看到已经追加了新的内容。

(3) flush()方法

flush()方法的语法格式:

```
fileObject.flush()
```

flush()方法把缓冲区的内容写入外存储器(如硬盘、U 盘)。

8.3 CSV 文件操作

逗号分隔值(Comma-Separated Values,CSV)文件是一种存储表格数据(数字和文本)的纯文本文件,通常用于存放电子表格或数据的一种文件格式。纯文本意味着该文件是一个字符序列,不包含必须像二进制数字那样被解读的数据。

8.3.1 CSV 文件简介

CSV 是一种通用的、相对简单的文件格式,CSV 文件可以方便地在不同应用之间交换数据。可以将数据批量导出为 CSV 格式,导入其他应用程序。通常在不同应用中导出 CSV 格式的报表,然后用 Excel 工具进行后续编辑。

(1) CSV 文件的特点

CSV 并不是一种单一的、定义明确的格式,CSV 泛指具有以下特征的任何文件。

① 纯文本,使用某个字符集,如 ASCII、Unicode、EBCDIC 或 GB2312。

② 由记录组成(典型的是每行一条记录),开头不留空,以行为单位。

③ 每条记录被分隔符分隔为字段(典型的分隔符有逗号、分号或制表符;有时分隔符可以

包括可选的空格)。如以半角逗号(,)作分隔符,列为空也要表达其存在。

④ 每条记录都有同样的字段序列。可含或不含列名,含列名则居文件第一行。一行数据不跨行,无空行。

⑤ 列内容如果存在半引号('或"),则要用另外一种半引号('或")将该字段值包含起来。如"Let's go."。

⑥ 文件读写时对引号和逗号的操作规则互逆。

⑦ 不支持数字和特殊字符。字段值没有类型,所有值都是字符串。

(2) CSV 文件的创建

CSV 文件的扩展名建议是.csv。建议使用记事本或者 Excel 打开。如下所示是一个 CSV 文件,文件名是 student.csv。

```
202301,赵杰,男,2002/1/3,18247389604
202302,钱芳,女,2001/2/6,18028573849
202303,孙翔,男,2002/1/7,13127584930
202304,李悦,女,2001/8/3,18628594873
202305,周妍,女,2002/5/6,18518473829
```

(3) 导入 CSV 模块

Python 提供一个读/写 CSV 文件的模块,即 CSV 模块。CSV 模块是 Python 的内置模块,用 import 语句导入,导入格式:

```
import CSV
```

8.3.2 CSV 文件访问

CSV 模块是 Python 的内置模块,用 import 语句导入后就可以使用。下面是 CSV 模块中的几个常用方法。

(1) reader()方法

用于读取 CSV 文件。语法格式:

```
csv.reader(csvfile, dialect = 'excel', * * fmtparams)
```

说明:

① csvfile 必须是支持迭代的对象,可以是文件(file)对象或者列表(list)对象。

② dialect 是编码风格,默认为 Excel 的风格,用逗号(,)分隔。dialect 方式也支持自定义,通过调用 register_dialect()方法注册。

③ fmtparams 是格式化参数,用来覆盖之前 dialect 对象指定的编码风格。

(2) writer()方法

用于写入 CSV 文件。语法格式:

```
csv.writer(csvfile, dialect = 'excel', * * fmtparams)
```

说明：参数含义同 reader()方法。

(3) register_dialect()方法

用于自定义编码风格。语法格式：

```
csv.register_dialect (name, [dialect, ] * * fmtparams)
```

说明：

① name 是自定义编码风格的名字，默认的是 excel，可以自定义成 mydialect。

② [dialect,] * * fmtparams 是编码风格格式参数，如分隔符（默认是逗号）或引号等。

(4) unregister_dialect()方法

用于注销自定义的编码风格。语法格式：

```
csv.unregister_dialect (name)
```

说明：name 为自定义编码风格的名字。

【例 8-7】 读写 CSV 文件。

```
import csv
def csvWrite():
    filename = input('请输入要保存的文件的路径和文件名：')
    # I:/Spyder/student.csv
    # 使用 open()函数打开用户输入的文件,如果该文件不存在,则创建它
    with open(filename, 'w', newline = "") as mycsvFile:
    # newline= "可防止写入空行
        myWriter = csv.writer(mycsvFile)   # 创建 CSV 文件写对象
        # 调用 writerow 函数一次写一行,参数必须是一个列表
        myWriter.writerow ([" 202301 "," 赵 杰 "," 男 "," 2002/1/3 ","
        18247389604"])
        myWriter.writerow ([" 202302 "," 钱 芳 "," 女 "," 2001/2/6 ","
        18028573849"])
        myList = [["202303","孙翔","男","2002/1/7","13127584930"],\
            ["202304","李悦","女","2001/8/3","18628594873"],\
            ["202305","周妍","女","2002/5/6","18518473829"]]
        myWriter.writerows(myList)   # 调用 writerows 函数一次写入一个列表
        print('已经写入文件！')
def csvRead():
    filename = input('请输入要打开文件的路径和文件名：')
    # I:/Spyder/student.csv
    # 使用 open()函数打开用户输入的文件,如果该文件不存在,则报错
```

```
    with open(filename, 'r') as mycsvFile:
        lines = csv.reader(mycsvFile)
        # 使用 reader 函数读入整个 CSV 文件到一个列表对象中
        for line in lines:
            print(line)    # 输出 CSV 文件当前行
if __name__ == '__main__':
    csvWrite()    # 第 1 次运行本程序时执行写入文件
    csvRead()
```

运行结果：

```
请输入要保存的文件的路径和文件名：I:/Spyder/student.csv
已经写入文件！
请输入要打开文件的路径和文件名：I:/Spyder/student.csv
['202301', '赵杰', '男', '2002/1/3', '18247389604']
['202302', '钱芳', '女', '2001/2/6', '18028573849']
['202303', '孙翔', '男', '2002/1/7', '13127584930']
['202304', '李悦', '女', '2001/8/3', '18628594873']
['202305', '周妍', '女', '2002/5/6', '18518473829']
```

如果系统安装了 Excel，CSV 文件就默认被 Excel 打开。需要注意的是，当双击一个 CSV 文件时，Excel 打开它以后即使不做任何的修改，在关闭的时候 Excel 也会提示是否要改成正确的文件格式。如果选择"是"，Excel 就把 CSV 文件中的数字改为用科学记数法来表示，这样操作之后只在 Excel 中显示时不正常，而 CSV 文件由于是纯文本文件，在使用上没有影响；如果选择了"否"，那么会提示以 .xls 格式另存为 Excel 的一个副本。

8.4　JSON 读写操作

　　JSON(JavaScript Object Notation)是一种轻量级的数据交换格式，易于人们阅读和编写，也易于机器解析和生成，并有效地提升网络传输效率。JSON 本质是一个字符串，不同的语言支持的类型可以通过 JSON 来表示，值可以是对象、数组、数字、字符串或者三个字面值(false、null、true)中的一个。值中的字面值中的英文必须使用小写。

　　数据结构为{key1:value1, key2:value2, …}的键值对结构。key 为对象的属性，value 为对应的值。键名可以使用整数和字符串来表示。值的类型可以是任意类型。JSON 文件"student.json"示例如下：

```
{
    "name":"高三五班",
```

```
        "teacher":{
                "name":"王勇",
                "age": 40,
                "gender":"男",
                "title":"班主任"
        },
        "student":[
                {
                        "name":"赵一",
                        "age": 19,
                        "gender":"女"
                },
                {
                        "name":"钱二",
                        "age": 18,
                        "gender":"男"
                },
                {
                        "name":"孙三",
                        "age": 20,
                        "gender":"女"
                }
        ]
}
```

接下来介绍 JSON 数据的基本读写操作，以下是常用的四种方法：
(1) json.load()：从 JSON 文件中读取数据；
(2) json.loads()：将 str 类型的数据转换为 dict 类型；
(3) json.dump()：将数据以 JSON 的数据类型写入文件中；
(4) json.dumps()：将 dict 类型的数据转成 str。

8.4.1 读操作

首先要导入 JSON 模块，并创建 JSON 文件对象，进行读操作，可使用两种方式。
(1) 先读取数据为字符串，再转换为数据结构

```
import json
with open("student.json", encoding= "utf- 8") as file1:
    content = json.loads(file1.read())
    print(type(content), content, sep= "\n")
```

(2) 直接读取文件对象,转换为数据结构

```
import json
with open("student.json", "r", encoding= "utf- 8") as file1:
    content = json.load(file1)
    print(type(content), content, sep= "\n")
```

8.4.2　写操作

　　首先导入 JSON 模块,再创建 JSON 文件对象进行写操作,可使用两种方式。如果读取时,出现乱码或 UnicodeDecodeError 异常,则需要在 open()函数中写入参数 encoding,指定编码方式 encoding＝"utf‐8"。

(1) 先将数据结构转换为 JSON 格式的字符串,再写入文件

```
import json
data = {
        "name":"高三五班",
        "student":[
                {
                        "name":"王勇",
                        "age": 18,
                        "gender":"男",
                        "title":"班长"
                },
                {
                        "name":"李芳",
                        "age": 19,
                        "gender":"女",
                        "title":"学习委员"
                }
        ]
}
with open("student1.json", "w", encoding= "utf- 8") as file1:
        # ensure_ascii 默认为 True 表示使用 ascii 编码,要显示中文字符需要设
          置为 False
        data = json.dumps(data, ensure_ascii = False)
        file1.write(data)
```

(2) 直接将数据结构写入文件

```
import json
```

```
data = {
      "name":"高三五班",
      "student":[
              {
                      "name":"王勇",
                      "age": 18,
                      "gender":"男",
                      "title":"班长"
              },
              {
                      "name":"李芳",
                      "age": 19,
                      "gender":"女",
                      "title":"学习委员"
              }
      ]
}
with open("student2.json", "w", encoding= "utf- 8") as file2:
       json.dump(data, file2, ensure_ascii = False)
```

8.4.3　JSON 格式与 CSV 格式的转换

使用 Python 可把 JSON 文件转换为 csv 文件，Python 中的 JSON 文件和 CSV 文件操作需要用到两个库：JSON 和 CSV，我们需要导入这两个库。先将 JSON 文件转换为 Python 对象，并将其存储在 data 变量中。然后，创建一个 writer 对象，用于将数据写入 CSV 文件。

```
import json
import csv
with open('student.json', 'r', encoding= 'utf- 8') as file1:
                                                      # 读取 JSON 文件
   data = json.load(file1)                            # 存储在 data 变量中
with open('student.csv', 'w', newline= '') as file2:
                                                      # 以写入模式打开 data.csv 文件
   writer = csv.writer(file2)
   writer.writerow(data[0].keys())                    # 写入表头
   for row in data:                                   # 逐行写入数据
       writer.writerow(row.values())
```

需要注意的是，在将数据写入 CSV 文件时，先写入表头，最后使用循环将数据逐行写入

CSV 文件中。在写入表头时，由于表头和数据的键名是相同的，因此我们只需要写入第一行数据的键名即可。这里我们假设第一行数据为字典类型，并用 keys()方法获取其键名。

8.5 NumPy 读写操作

NumPy(Numerical Python)是 Python 的一种开源的数值计算扩展。这种工具可用来存储和处理大型矩阵，比 Python 自身的嵌套列表结构要高效得多，支持大量的维度数组与矩阵运算。本节主要介绍了 Python 使用 NumPy 读写文本文件。

8.5.1 使用 NumPy 读写文本文件

在数据分析中，经常需要从文件中读取数据或将数据写入文件，常用的存储文件的格式有文本文件、CSV 格式文件、二进制格式文件和多维数据文件等。

（1）将一维或二维数组写入 TXT 文件或 CSV 格式文件

在 NumPy 中，使用 savetxt()函数可以将一维或二维数组写入后缀名为 txt 或 csv 的文件。函数格式为：

```
numpy.savetxt(fname, array, fmt = '%.18e', delimiter = None,
newline= '\n',header= '', footer= '', comments= '# ', encoding= None)
```

其中，主要参数及说明见表 8-3。

表 8-3　　　　　　　　　　savetxt()函数参数及说明

参数	说明
fname	文件、字符串或产生器，可以是.gz 或.bz2 的压缩文件
array	存入文件的数组（一维数组或者二维数组）
fmt	写入文件的格式，如%d、%.2f、%.18e，默认值是%.18e 可选项
delimiter	分隔符，通常情况是 str 可选
header	将在文件开头写入的字符串
footer	将在文件尾部写入的字符串
comments	将附加到 header 和 footer 字符串的字符串，将其标记为注释，默认值：'#'
encoding	用于编码输出文件的编码

代码示例：

```
import numpy as np
arr = np.arange(12).reshape(3,4)
```

```
    # fmt 缺省取% .18e(浮点数)
    # 分割符默认是空格,写入文件保存在当前目录
np.savetxt('test1.txt',arr)
# fmt:% d 写入文件的元素是十进制整数,分割符为逗号",",写入文件保存在当前目录
np.savetxt('test2.txt',arr,fmt= '% d',delimiter= ',')

# 在test3.txt 文件头部和尾部增加注释,头部 # test3,尾部 # 数据写入注释,写入
文件的元素是字符串
np.savetxt('test3.txt',arr,fmt= '% s',delimiter= ',',header= \
    'test3',footer= '测试数据',encoding= 'utf- 8')

# 在test4.txt 文件头部加# # test4 注释
np.savetxt('test4.txt',arr,fmt= '% f',delimiter= ',',header= 'test4',
comments= '# # # ')
np.savetxt('test1.csv',arr,fmt= '% d',header= 'test1')   # 将arr 数组保
存为csv 文件
```

(2) 读取TXT文件和CSV格式文件

在NumPy中,读取TXT文件和CSV格式文件的函数是loadtxt(),函数格式如下。

```
numpy.loadtxt(fname,dtype= type'float'> ,comments= '# ',delimiter=
None, converters = None, skiprows = 0, usecols = None, unpack = False,
ndmin= 0,encoding= 'bytes')
```

其中,主要参数及说明见表8-4。

表8-4　　　　　　　　　　loadtxt( )函数参数及说明

参　　数	说　　明
fname	被读取的文件名(文件的相对地址或者绝对地址)
dtype	指定读取后数据的数据类型
comments	跳过文件中指定参数开头的行(不读取)
delimiter	指定读取文件中数据的分割符
converters	对读取的数据进行预处理
skiprows	选择跳过的行数
usecols	指定需要读取的列

参　数	说　明
unpack	选择是否将数据进行向量输出
encoding	对读取的文件进行预编码

代码示例：

```
a = np.loadtxt('test1.txt')
# 读入当前目录下的文件 test1.txt
print(a)
[[ 0. 1. 2. 3.]
 [ 4. 5. 6. 7.]
 [ 8. 9. 10. 11.]]


# skiprows:指跳过前1行,如果设置skiprows= 2,就会跳过前两行,数据类型设置
为整型.
a = np.loadtxt('test1.txt', skiprows= 1, dtype= int)
print(a)
[[ 4 5 6 7]
 [ 8 9 10 11]]


# comment,如果行的开头为# 就会跳过该行
a = np.loadtxt('test4.txt', skiprows= 2, comments= '# ',delimiter= ',')
b = np.loadtxt('test4.txt',comments= '# ',delimiter= ',')
print(a,b,sep= '\n')
[[ 4. 5. 6. 7.]
 [ 8. 9. 10. 11.]]
[[ 0. 1. 2. 3.]
 [ 4. 5. 6. 7.]
 [ 8. 9. 10. 11.]]


# usecols:指定读取的列,若读取0,2两列
aa = np.loadtxt('test3.txt',dtype= int, skiprows= 1,delimiter= ',',
usecols= (0, 2))
# unpack是指会把每一列当成一个向量输出,而不是合并在一起。
(a, b) = np.loadtxt('test2.txt', dtype= int, skiprows= 1,
    comments= '# ', delimiter= ',',
    usecols= (0, 2), unpack= True)
```

```
print(aa,a, b,sep= '\n')
[[ 0 2]
 [ 4 6]
 [ 8 10]]
[4 8]
[ 6 10]
# 读取 CSV 文件
aa = np.loadtxt('test1.csv',skiprows= 1)
print(aa)
[[ 0. 1. 2. 3.]
 [ 4. 5. 6. 7.]
 [ 8. 9. 10. 11.]]
```

8.5.2 使用 NumPy 读写二进制文件

(1) 使用 save( )或 savez( )函数写二进制格式文件

save 函数将数组以未压缩的原始二进制格式保存在扩展名为.npy 的文件中,会自动处理元素类型和形状等信息。savez 函数将多个数组压缩到一个扩展名为 npz 的文件,其中每个文件都是一个 save()保存的 npy 文件,文件名和数组名相同。

save()或 savez()函数的格式:

```
numpy.save(file,array)
numpy.savez(file,array)
```

(2) 使用 load( )函数读取二进制格式文件

load()函数的格式:

```
numpy.load(file)
```

代码示例:

```
import numpy as np
a = np.arange(15).reshape(3,5)
print('原数组 a:\n',a)
np.save('arr1.npy', a) # 将数据存储为 npy,保存时可以省略扩展名,默认.npy
c = np.load('arr1.npy') # 读取 arr1.npy 的数据,读取数据时不能省略 .npy
print('读取后的数据:\n',c)

ar = np.arange(6).reshape(3,2)
```

```
print('保存前的数组:',a,ar,sep= '\n')
np.savez('arr2.npz',a,ar) # 多数组存储,默认文件名.npz
b = np.load('arr2.npz')
print('读取后的数据:')
print(b['arr_0'],b['arr_1'],sep= '\n')
```

程序输出:

```
原数组 a:
[[ 0  1  2  3  4]
 [ 5  6  7  8  9]
 [10 11 12 13 14]]
读取后的数据:
[[ 0  1  2  3  4]
 [ 5  6  7  8  9]
 [10 11 12 13 14]]
保存前的数组:
[[ 0  1  2  3  4]
 [ 5  6  7  8  9]
 [10 11 12 13 14]]
[[0 1]
 [2 3]
 [4 5]]
读取后的数据:
[[ 0  1  2  3  4]
 [ 5  6  7  8  9]
 [10 11 12 13 14]]
[[0 1]
 [2 3]
 [4 5]]
```

8.6 文件与文件夹操作

Python 可以进行文件级别的操作,如遍历、复制、删除、压缩、重命名等,还可以对文件夹进行操作。本节详细介绍了涉及文件与文件夹的操作,包括介绍 Python 标准库中常用函数的用法,讲解递归遍历文件夹及其子文件夹的原理,以及如何处理压缩文件。

8.6.1 常用函数的用法

Python 标准库 os、os. path 和 shutil 中提供了大量用于文件和文件夹操作的函数,可以对文件进行复制、移动、重命名，查看文件属性，压缩/解压缩文件，以及文件夹的创建与删除等操作。

(1) os 模块

Python 标准库 os 除了提供使用操作系统功能和访问文件系统的简便方法之外，还提供了大量文件与文件夹操作的函数，如表 8-5 所示。

表 8-5　　　　　　　　　　　　　os 模块常用函数

函　　数	功　能　说　明
chdir(path)	把 path 设为当前工作目录
chmod(path,mode,*,dir_fd=None,follow_symlinks=True)	改变文件的访问权限
curdir	当前文件夹
listdir(path)	返回 path 目录下的文件和目录列表
mkdir(path[,mode=0777])	创建目录，要求上级目录必须存在
makedirs(path1/path2…,mode=511)	创建多级目录，会根据需要自动创建中间缺失的目录
rmdir(path)	删除目录，目录中不能有文件或子文件夹
remove(path)	删除指定的文件，要求用户拥有删除文件的权限，并且文件没有只读或其他特殊属性
removedirs(path1/path2…)	删除多级目录，目录中不能有文件
rename(src,dst)	重命名文件或目录，可以实现文件的移动，若目标文件已存在则抛出异常，并且不能跨越磁盘或分区
replace(old,new)	重命名文件或目录，若目标文件已存在则直接覆盖，不能跨越磁盘或分区
startfile(filepath[,operation])	使用关联的应用程序打开指定文件或启动指定应用程序
stat(path)	返回文件的所有属性
system()	启动外部程序

下面示例演示了 os 模块的基本用法：

```
import os
import os.path
import time

os.rename(r'I:/Spyder/text1.txt', r'I:/Spyder/text2.txt')
```

```
[fname for fname in os.listdir('.') \
    if fname.endswith(('.pyc', '.py', '.pyw'))]
print(os.getcwd())                                          # 返回当前工作目录
os.mkdir(os.getcwd()+ '\\temp')                             # 创建目录
os.chdir(os.getcwd()+ '\\temp')                             # 改变当前工作目录
print(os.getcwd())
os.mkdir(os.getcwd()+ '\\test')
print(os.listdir('.'))
os.rmdir('test')                                            # 删除目录
print(os.listdir('.'))
print(time.strftime('%Y- %m- %d %H:%M:%S'                   # 查看文件创建时间
    ,time.localtime(os.stat('I:/Spyder/text2.txt').st_ctime)))
os.startfile('notepad.exe')                                 # 启动记事本程序
```

程序输出如下：

```
I:\Spyder
I:\Spyder\temp
['test']
[]
2023- 09- 14 14:30:16
```

【例 8-8】 使用递归法遍历指定目录下所有子目录和文件。遍历指定文件夹中所有文件和子文件夹，对于文件则直接输出，而对于子文件夹则进入该文件夹继续遍历，重复上面的过程。Python 标准库 os.path 中的 isfile()用来测试一个路径是否为文件，isdir()用来测试一个路径是否为文件夹，见下文对 os.path 的介绍。

```
from os import listdir
from os.path import join, isfile, isdir

def listDirDepthFirst(directory):
    '''深度优先遍历文件夹'''
    # 遍历文件夹,如果是文件就直接输出
    # 如果是文件夹,就输出显示,然后递归遍历该文件夹
    for subPath in listdir(directory):
        # listdir()列出的是相对路径,需要使用 join()把父目录连接起来
        path = join(directory, subPath)
        if isfile(path):
            print(path)
```

```
        elif isdir(path):
            print(path)
            listDirDepthFirst(path)
```

(2) os.path 模块

os.path 模块提供了大量用于路径判断、切分、连接以及文件夹遍历的方法,如表 8-6 所示。

表 8-6　　　　　　　　　　　　os.path 模块常用成员

方　　法	功　能　说　明
abspath(path)	返回给定路径的绝对路径
basename(path)	返回指定路径的最后一个组成部分
dirname(p)	返回给定路径的文件夹部分
exists(path)	判断文件是否存在
getatime(filename)	返回文件的最后访问时间
getctime(filename)	返回文件的创建时间
getmtime(filename)	返回文件的最后修改时间
getsize(filename)	返回文件的大小
isdir(path)	判断 path 是否为文件夹
isfile(path)	判断 path 是否为文件
join(path, * paths)	连接两个或多个 path
split(path)	以路径中的最后一个斜线符为分隔符把路径分隔成两部分,以列表形式返回
splitext(path)	从路径中分隔文件的扩展名
splitdrive(path)	从路径中分隔驱动器的名称

下面示例演示了 os.path 模块的基本用法:

```
import os
path = 'I:/Spyder/ospathTest.txt'
print(os.path.dirname(path))           # 返回路径的文件夹名
print(os.path.basename(path))          # 返回路径的最后一个组成部分
print(os.path.split(path))             # 切分文件路径和文件名
print(os.path.split(''))               # 切分结果为空字符串
```

```
print(os.path.split('I:/Spyder/'))          # 以最后一个斜线符为分隔符
print(os.path.split('I:/Spyder/'))
print(os.path.splitdrive(path))             # 切分驱动器符号
print(os.path.splitext(path))               # 切分文件扩展名
```

程序输出:

```
I:/Spyder
ospathTest.txt
('I:/Spyder', 'ospathTest.txt')
('', '')
('I:/Spyder', '')
('I:/Spyder', '')
('I:', '/Spyder/ospathTest.txt')
('I:/Spyder/ospathTest', '.txt')
```

(3) shutil 模块

shutil 模块也提供了大量的方法支持文件和文件夹操作,常用方法如表 8-7 所示。

表 8-7　　　　　　　　　　　　　shutil 模块常用成员

方　　法	功　能　说　明
copy(src,dst)	复制文件,新文件具有同样的文件属性,如果目标文件已存在则抛出异常
copyfile(src,dst)	复制文件,不复制文件属性,如果目标文件已存在则直接覆盖
copytree(src,dst)	递归复制文件夹
disk_usage(path)	查看磁盘使用情况
move(src,dst)	移动文件或递归移动文件夹,也可以用来给文件和文件夹重命名
rmtree(path)	递归删除文件夹
make_archive(base_name,format, root_dir=None. base_dir=None)	创建 tar 或 zip 格式的压缩文件
unpack_archive(filename, extract_dir=None,format=None)	解压缩文件

下面的代码演示了标准库 shutil 的一些基本用法。
① 复制文件。

```
import shutil
shutil.copyfile('D:\\test1.txt', 'C:\\test2.txt')
```

② 压缩文件。下面的代码将 D:\PythonTest\Dlls 文件夹以及该文件夹中所有文件压缩至 D:\pack.zip 文件。

```
shutil.make_archive('D:\\a', 'zip', 'D:\\PythonTest', 'Dlls')
```

③ 解压缩文件。下面的代码则将刚压缩得到的文件 D:\pack.zip 解压缩至 D:\pack_unpack 文件夹。

```
shutil.unpack_archive('D:\\pack.zip', 'D:\\pack_unpack')
```

④ 删除文件夹。下面的代码使用 shutil 模块的方法删除刚刚解压缩得到的文件夹。

```
shutil.rmtree('D:\\pack_unpack')
```

⑤ 复制文件夹。下面的代码使用 shutil 的 copytree() 函数递归复制文件夹,并忽略扩展名为 pyc 的文件和以"新"开头的文件和子文件夹。

```
from shutil import copytree, ignore_patterns
copytree('C:\\pythonTest\\test',
        'D:\\des_test',
        ignore= ignore_patterns('* .pyc', '新* '))
```

8.6.2　文件夹操作应用

下面将介绍文件夹操作的常见应用案例,包括创建文件夹、文件夹重命名、文件夹的删除。
(1) 创建文件夹
在 Python 中常用 os.mkdir(path) 方法来创建文件夹,其中参数 path 是创建文件夹的路径,该方法没有返回值。
若要在相对路径下创建文件夹,方法如下:

```
import os
os.mkdir("mydir1")                    # 在当前目录下创建一个文件夹

# 在当前目录的 mydir1 文件夹中创建一个子文件夹
os.mkdir("./mydir1/sub_mydir1")

# 在当目录的上一级目录下创建一个文件夹
os.mkdir("../up_mydir1")
```

若要在绝对路径下创建文件夹,方法如下:

```
import os

# 在 D 盘根目录下创建一个文件夹
os.mkdir("D:/mydir")

# 在 D 盘的 mydir 文件夹中创建一个子文件夹
os.mkdir("D:/mydir/sub_mydir")
print("创建成功!")
```

(2) 文件夹重命名

在 Python 中,利用 os.rename(src,dst)方法对文件夹进行重命名。其中参数 src 为文件夹原名;参数 dst 为文件夹新名。需要注意的是:在对一个文件夹重命名之前,先判断该文件夹是否已经存在,只有该文件夹已经存在,才有文件夹重命名操作的对象;对具体目录下的某一文件夹重命名时,需注意新名称是否与该目录下的其他文件夹重名。

```
import os
if os.path.exists("mydir1"):
    print("该文件夹存在,可以重命名。")
    if os.path.exists("new_mydir1"):
        print("sorry,new_mydir 文件夹已存在")
    else:
        print("new_mydir1 文件夹不存在可以重命名。")
        os.rename("mydir1","new_mydir1")
        print("重命名成功。")
else:
    print("该文件夹不存在,无法进行重命名操作!")
```

(3) 文件夹的删除

在 Python 中,利用 os.rmdir(path)方法来删除文件夹。参数 path 为该文件夹的路径,该方法没有返回值。在进行删除操作前,应先判断,要删除的文件夹是否已经存在,并且 os.rmdir(path)方法只能删除空的文件夹(文件夹中不能有文件夹或文件),否则操作无法执行。可以利用 os.listdir(path)方法来查看文件夹中的文件夹或文件。该方法返回一个列表,其中包含由路径指定的目录中条目的名称。

```
import os
if os.path.exists("D:/mydir"):
    print("该文件夹存在,可以删除。")
    if len(os.listdir("D:/mydir/"))= = 0:
        os.rmdir("D:/mydir/")
```

```
        print("删除成功")
    else:
        print("删除操作无效,mydir 非空。")

else:
    print("该文件夹不存在,无法删除!")
```

(4) 批量修改文件名

遍历指定文件夹中的所有文件,对文件名进行切分得到主文件名和扩展名,使用随机生成的字符串替换主文件名。

```
from string import ascii_letters
from os import listdir, rename
from os.path import splitext, join
from random import choice, randint
def randomFilename(directory):
    for fn in listdir(directory):
        # 切分,得到文件名和扩展名
        name, ext = splitext(fn)
        n = randint(5, 20)
        # 生成随机字符串作为新文件名
        newName = ''.join((choice(ascii_letters) for i in range(n)))
        # 修改文件名
        rename(join(directory, fn), join(directory, newName+ ext))
randomFilename('D:\\pythonTest')
```

(5) 统计指定文件夹大小以及文件和子文件夹数量

本案例可应用于计算磁盘配额,如统计电子邮箱、社交媒体、云盘等系统中每个账号所占空间的大小。

首先要递归遍历指定目录的所有子目录和文件,如果遇到文件夹,就把表示文件夹数量的变量加1;如果遇到文件,就把表示文件数量的变量加1,同时,获取该文件大小并累加到表示文件夹大小的变量中。

```
import os

totalSize = 0
fileNum = 0
dirNum = 0
```

```python
def visitDir(path):
    # 分别用来保存文件夹总大小、文件数量、文件夹数量的变量
    global totalSize
    global fileNum
    global dirNum
    for lists in os.listdir(path):                  # 递归遍历指定文件夹
        sub_path = os.path.join(path, lists)        # 连接为完整路径
        if os.path.isfile(sub_path):
            fileNum = fileNum+ 1                    # 统计文件数量
            totalSize = totalSize+ os.path.getsize(sub_path)
                                                    # 统计文件总大小
        elif os.path.isdir(sub_path):
            dirNum = dirNum+ 1                      # 统计文件夹数量
            visitDir(sub_path)                      # 递归遍历子文件夹

def main(path):
    if not os.path.isdir(path):
        print('Error:"', path, '" is not a directory or does not exist.')
        return
    visitDir(path)

def sizeConvert(size):                              # 单位换算
    K, M, G = 1024, 1024**2, 1024**3
    if size >= G:
        return str(size/G)+ 'G Bytes'
    elif size >= M:
        return str(size/M)+ 'M Bytes'
    elif size >= K:
        return str(size/K)+ 'K Bytes'
    else:
        return str(size)+ 'Bytes'

def output(path):                                   # 输出统计结果
    print('The total size of '+ path+ ' is:'
          + sizeConvert(totalSize)
          + '(' + str(totalSize)+ ' Bytes)')
    print('The total number of files in '+ path+ ' is:', fileNum)
    print('The total number of directories in '
          + path+ ' is:', dirNum)
```

```
if __name__ == '__main__':
    path = r'd:\idapro6.5plus'
    main(path)
    output(path)
```

本章小结

本章介绍了文件操作的常用函数和方法，访问文件的流程一般为：打开文件、读/写文件和关闭文件。通过 open() 函数打开文件，在文件对象和文件之间建立联系，最后调用 close() 函数终止这种联系。

在本章中读者学习了：如何使用文件；如何一次性读取整个文件，以及如何以每次一行的方式读取文件的内容；如何写入文件，以及如何将文本附加到文件末尾；什么是 CSV 文件，CSV 文件的特点，以及如何对 CSV 文件进行读写操作并自定义编码风格；如何对 JSON 格式的数据进行操作；如何使用第三方库 NumPy 库的基本函数；如何使用对文件夹操作的常用函数。

本章练习

1. 什么是 Python 中的文件操作？请简要说明文件操作的基本概念。
2. 写出使用 Python 打开一个文本文件的代码，并说明打开文件时常用的模式有哪些。
3. 写出使用 Python 读取文件内容的代码，并说明读取文件时常用的方法有哪些。
4. 写出使用 Python 写入文件内容的代码，并说明写入文件时常用的方法有哪些。
5. 写出使用 Python 关闭文件的代码，并说明关闭文件的重要性。
6. 写出使用 Python 复制文件的代码，并说明复制文件的方法。
7. 写出使用 Python 删除文件的代码，并说明删除文件的方法。
8. 写出使用 Python 遍历文件夹中所有文件的代码，并说明遍历文件夹的方法。
9. 编写程序，生成一个文件，文件名为"学号姓名.txt"（写自己真实的学号和姓名，机器不支持汉字的可以用拼音）；文件内容为学 Python 这门课的收获、感想或建议。
10. 读取一个 Python 源程序文件"text1.py"，去掉其中的空行和注释行，然后写入另一文件"text2.py"。

第 9 章 数 据 可 视 化

学习目标

熟悉 Matplotlib 的常用函数。
掌握 Pandas 模块的使用方法。
掌握简单函数曲线的绘制、标注与美化。
了解折线图、柱状图、饼装图和词云图的绘制。
掌握根据 CSV 文件中的数据绘制曲线。

数据处理的结果或者以报告、电子表格等方式呈现,或者以图形方式呈现。数据可视化是指将数据处理的结果以图形方式呈现,便于用户更加直观地阅读分析数据。其主要利用图像处理、计算机视觉等技术对数据进行可视化处理。有关研究表明,使用图表来表示复杂的数据之间的关系,比用报告或电子表格表示更好。Python 系统环境下有大量的图形库,通过它们可以方便地进行绘图操作,实现数据的可视化。Python 图形库包括自带的标准图形库 Tkinter,以及第三方库,如 Pillow、Echarts、Matplotlib、seaborn、PyGtk、PyQt、wxPython 等。本章主要介绍 Matplotlib 和 Pandas 模块的使用以及对于 CSV 文件中数据的处理。

9.1 Matplotlib 绘图

基于 Python 的高效性,使用它能快速地探索由数百万个数据点组成的数据集。数据点并非必须是数字,利用本书前半部分介绍的基本知识,也可以对非数字数据进行分析。数据科学家使用 Python 编写了一系列令人印象深刻的可视化分析工具。最流行的工具之一是 matplotlib,它是一个数学绘图库,我们将使用它来制作简单的图表,如折线图和柱状图。

9.1.1 Matplotlib 简介

Python 扩展库 matplotlib 依赖于扩展库 numpy 和标准库 tkinter,可以绘制多种形式的图形,包括折线图、散点图、饼状图、柱状图、雷达图等,图形质量可以达到出版要求。matplotlib 不仅在数据可视化领域有重要的应用,而且常用于科学计算可视化。

Python 扩展库 matplotlib 包括 pylab、pyplot 等绘图模块以及大量用于字体、颜色、图例等图形元素管理与控制的模块。其中 pylab 和 pyplot 模块提供了类似于 MATLAB 的绘图接口，支持线条样式、字体属性、轴属性以及其他属性的管理和控制，可以使用非常简洁的代码绘制出各种优美的图案。

使用 pylab 或 pyplot 绘图的一般过程为：首先读入数据，然后根据实际需要绘制折线图、散点图、柱状图、饼状图、雷达图或三维曲线和曲面，接着设置轴和图形属性，最后显示或保存绘图结果。

要注意的是，在绘制图形以及设置轴和图形属性时，大多数函数具有很多可选参数支持个性化设置，而其中很多参数又具有多个可能的值，例如，颜色、散点符号、线型等。本章重点介绍相关函数的用法，并没有给出每个参数的所有可能取值，这些可以通过 Python 的内置函数 help() 或者查阅 matplotlib 官方在线文档 https://matplotlib.org/index.html 来获知，或者查阅 Python 安装目录的 Lib\site-packages\matplotlib 文件夹中的源代码获取更加完整的帮助信息。

(1) Matplotlib 安装方法

Matplotlib 中提供的 matplotlib.pyplot 模块，能够以各种硬拷贝格式或跨平台的交互式环境快速地创建多种类型的图形，如折线图、散点图、条形图、饼图、堆叠图、3D 图和地图等，且圆形质量可达出版级别。在一个图形窗口中，可以绘制多个图例、多个子图，也可以放大局部区域等。程序员利用 Matplotlib 进行图形开发，仅需要几行代码，便可达到目的。但程序员应该根据数据的特点进行图表类型的选择，以便用户通过图形理解和分析数据。

在 Python 中，使用 Matplotlib 进行绘图前，一定要先在计算机上安装 VS2010(或重新版本)。安装 Matplotlib 的命令如下：

```
python -m pip install -U pip
python -m pip install -U matplotlib
```

安装完毕后，要对安装进行测试。为此，首先使用命令 python 或 python3 启动一个终端会话，再尝试导入 matplotlib：

```
$ python3
>>> import matplotlib
```

如果没有出现任何错误消息，就说明系统安装了 matplotlib。

(2) Matplotlib 常用函数：

① matplotlib.pyplot.figure()：创建新的图形窗口，如果不显示建立图形窗口，系统就会自动建立图形窗口。

② matplotlib.pyplot.close()：关闭图形窗口。

③ matplotlib.pyplot.show()：显示图形。

④ matplotlib.pyplot.axis(rect)：用来指定坐标轴的视窗。如 matplotlib.pyplot.axis([0,6,0,20]) 表示 x 轴的长度为 0~6，y 轴的长度为 0~20。如果画图时不指定 x 轴的长度和 y 轴的长度，系统就会按要处理的数据特性，自动定义坐标轴的长度。

⑤ matplotlib.pyplot.subplot(numrows[,] numcols[,]fignum)：该函数相当于把原图形窗口分割成 numrows×numcols 个子窗口,目前的子窗口是第 fignum 个子窗口。子窗口的编号为从左向右、从上向下,顺序编号。如 subplot(211)等同于 subplot(2,1,1)。
⑥ matplotlib.pyplot.xlabel(string)：设置 x 轴标签。
⑦ matplotlib.pyplot.ylabel(string)：设置 y 轴标签。
⑧ matplotlib.pyplot.title(string)：设置图形的标题。
⑨ matplotlib.pyplot.legend()：按默认样式生成默认图例。
⑩ matplotlib.pyplot.plot(*args,**kwargs)：绘制折线图。
⑪ matplotlib.pyplot.pie(*args,**kwargs)：绘制饼图。
⑫ matplotlib.pyplot.hist(*args,**kwargs)：绘制直方图。
⑬ matplotlib.pyplot.bar(*args,**kwargs)：绘制条形图。

9.1.2 绘制折线图

下面使用 matplotlib 绘制一个简单的折线图,再对其进行定制,以实现更丰富的数据可视化。

【例 9-1】 我们将使用平方数序列 1、4、9、16 和 25 来绘制这个图表。只需向 matplotlib 提供如下数字,matplotlib 就能完成其他的工作：

```
import matplotlib.pyplot as plt
squares = [1,4,9,16,25]
plt.plot(squares)
plt.show()
```

我们首先导入了模块 pyplot,并给它指定了别名 plt,以免反复输入 pyplot。在线示例大多这样做,因此这里也这样做。模块 pyplot 包含很多用于生成图表的函数。我们创建了一个列表,在其中存储了前述平方数,再将这个列表传递给函数 plot(),这个函数尝试根据这些数字绘制出有意义的图形。plt.show()打开 matplotlib 查看器,并显示绘制的图形,如图 9-1 所示。查看器让你能够缩放和导航图形。另外,单击磁盘图标可将图形保存起来。

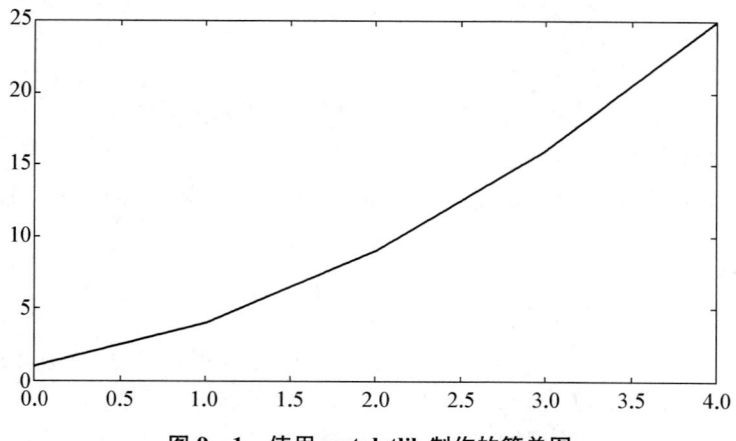

图 9-1 使用 matplotlib 制作的简单图

【例 9-2】 以图 9-2 为例,对图表中的部分属性进行说明。

score statistics

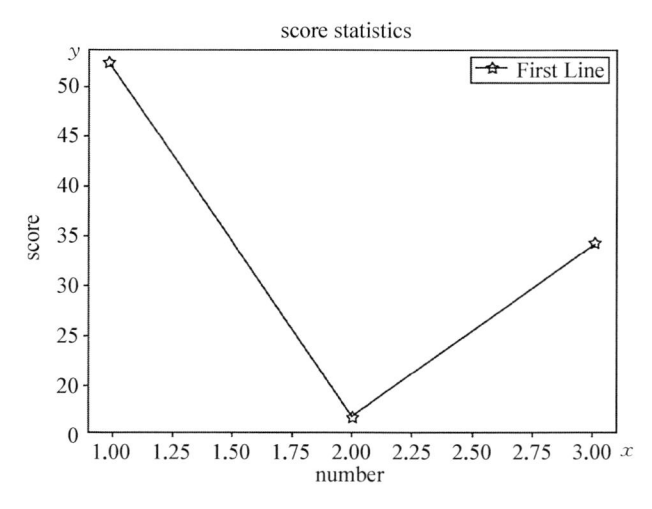

图 9-2 折线图

折线图就是将多个(x,y)点连接起来生成的图形。图 9-2 中有 3 个点:(1,52)、(2,17)、(3,34)。这 3 个坐标点用☆标志,点之间用直线连接,x 轴标签为"number",y 轴标签为"score",图形的标题为"score statistics",图框中右上角的"First Line"为图例名。pyplot 模块中的 plot 函数可用来实现折线图的绘制,语法格式如下:

```
matplotlib.pyplot.plot(* args,* * kwargs)
```

其中,args 是可变参数,可以对应多个参数列表。下面给出该函数的常见调用形式:

```
plot([x],y,[fmt],data= None,* * kwargs)
```

该函数用于绘制一条折线图,若省略 x,则 plot 函数自动创建从 0 开始的 x 坐标;fmt 是字符串类型,用于描述颜色标志线型属性的值,格式为'[color][marker][line]';kwargs 用于设定线型、线宽、坐标点的标志等图形的其他属性。下面给出绘制折线图的常见调用形式:

```
matplotlib.pyplot.plot(x,y,label= 'First Line',color= 'r',linewidth=
2,linestyle= '- ',marker= '* ',markersize= 12)
```

或者写成:

```
matplotlib.pyplot.plot(x, y, 'r* - ', label= 'First Line',linewidth=
2, markersize= 12)
```

x 表示 x 轴的坐标点集合,y 表示 y 轴的坐标点集合,x、y 按 index 进行对应,构成点坐标。折线图的常用属性如表 9-1 所示。

253

表9-1　　　　　　　　　　　　　折线图的常用属性

属　性	描　　述
color	图形颜色
linestyle	线型：'—'(实线)、'——'(虚线)、'—.'（点虚线)、:' :'(点线)、' None '或' '(空)
label	图形的图例名
Marker	坐标点的标志样式：". "、","、"o"、"v"、"^"、"<"、"1"、"2"、"3"、"4"、"8"、"s"、"p"、" * "、"_"
linewidth	线宽
markeredgewidth	标志的边宽
markeredgecolor	标志的边颜色
markersize	标志的大小
fillstyle	标志填充的样式：' full '、' left '、' right '、' bottom '、' top '、' none ',用来表示填满、填一半颜色,或者不填

【例9-3】 绘制两条折线图

```
import matplotlib.pyplot as plt
x= [1,2,3]
y = [52,17,34]      # x 和 y 合成三个点：(1,52)、(2,17)、(3.34)
x2= [1,3,5]
```

```
y2 = [100,74,82]    # x2 和 y2 合成三个点：(1,100)、(3,74)、(5,82)
plt.plot(x, y, label= 'First Line', fillstyle= 'bottom',color= 'r',
linewidth= 2,linestyle= '- ',marker= '* ',markersize= 12)
plt.plot (x2, y2, label = ' SecondLine ', color = ' b ', linewidth = 4,
linestyle = ': ', marker = ' o ' markersize = 12, markeredgewidth = 3,
markeredgecolor= 'g)
plt.xlabel('number')       # 设置 x 轴标签
plt.ylabel('score')         # 设置 y 轴标签
plt.title('score statistics')    # 设置图形的标题
plt.legend()            # 按默认样式生成默认图例
plt.show()
```

绘制两条折线图的程序运行结果如图9-3所示。

默认绘图时是不支持显示中文的,除非明确设置了中文字体。

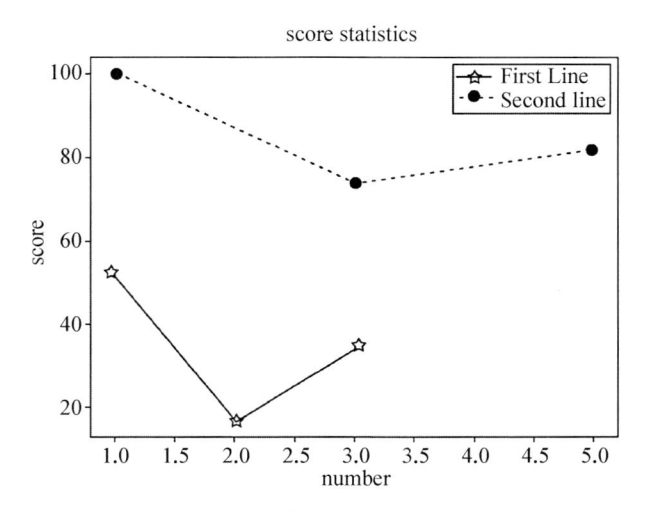

图 9-3 绘制两条折线图的程序运行结果

【例 9-4】 绘制带有中文标题、标签和图例的正弦和余弦图像。

分析：首先使用 Python 扩展库 numpy 生成一个 0~2π 步长为 0.01 的数组，计算该数组中数值的正弦值和余弦值，然后使用 matplotlib.pylab 中的 plot()函数绘制折线图。所谓"折线图"，也就是把所有数据点按顺序依次连接构成的图，如果数据点足够密集，就可以实现光滑曲线的效果。

```python
import numpy as np
import matplotlib.pylab as pl
import matplotlib.font_manager as fm

t = np.arange(0.0, 2.0* np.pi, 0.01)          # 自变量取值范围
s = np.sin(t)                                  # 计算正弦函数值
z = np.cos(t)                                  # 计算余弦函数值
pl.plot(t,                                     # x 轴坐标
        s,                                     # y 轴坐标
        label= '正弦',                          # 标签
        color= 'red')                          # 颜色
pl.plot(t, z, label= '余弦', color= 'blue')
pl.xlabel('x- 变量',                            # 标签文本
        fontproperties= 'STKAITI',             # 字体
        fontsize= 18)                          # 字号
pl.ylabel('y- 正弦余弦函数值', fontproperties= 'simhei', fontsize= 18)
pl.title('sin- cos 函数图像',                    # 标题文本
        fontproperties= 'STLITI',              # 字体
        fontsize= 24)                          # 字号
```

```
myfont = fm.FontProperties(fname= r'C:\Windows\Fonts\STKAITI.ttf')
                                        # 创建字体对象
pl.legend(prop= myfont)                 # 显示图例
pl.show()                               # 显示绘制的结果图像
```

代码运行结果如图 9-4 所示。

myfont=fm.FontProperties(fname=r'C:\Windows\Fonts\STKAITI.ttf')

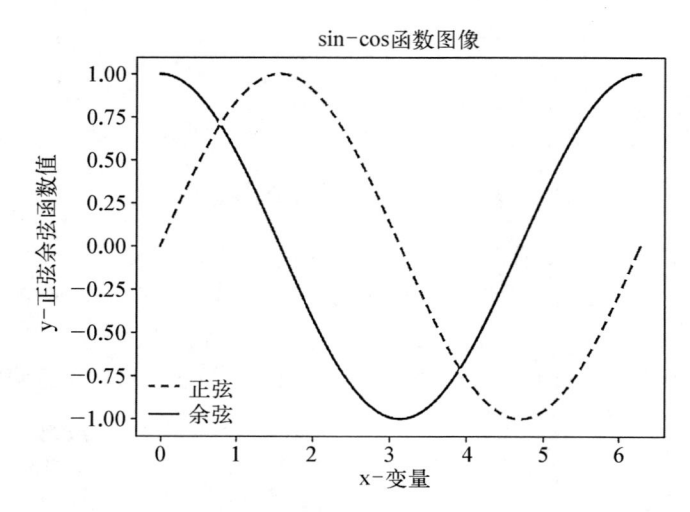

图 9-4 带有中文标题、标签和图例的正弦、余弦图像

9.1.3 绘制柱状图

柱状图常用来描述不同组之间数据的差别。matplotlib 提供了用于绘制柱状图的 bar() 函数,并且提供了大量参数设置柱状图的属性。

【例 9-5】 绘制柱状图并设置图形属性和文本标注

分析:在使用 bar() 函数绘制柱状图时,可以使用 color 参数设置柱的颜色,使用 alpha 设置透明度,使用 edgecolor 参数设置边框颜色,使用 linestyle 设置边框样式,使用 linewidth 参数设置边框线宽,使用 hatch 参数设置柱的内部填充符号。绘制完柱状图之后,使用 text() 函数在每个柱的顶端指定位置显示对应的数值进行标注。

```
import numpy as np
import matplotlib.pyplot as plt

# 生成测试数据
x = np.linspace(0, 10, 11)
y = 11—x
```

```
# 绘制柱状图
plt.bar(x,
        y,
        color= '# 772277',              # 柱的颜色
        alpha= 0.8,                     # 透明度
        edgecolor= 'blue',              # 边框颜色,呈现描边效果
        linestyle= '- - ',              # 边框样式为虚线
        linewidth= 1,                   # 边框线宽
        hatch= '* ')                    # 内部使用五角星填充

# 为每个柱形添加文本标注
for xx, yy in zip(x, y):
    plt.text(xx- 0.2, yy+ 0.1, '% 2d' %  yy)

plt.show()        # 显示图形
```

运行结果如图 9-5 所示。

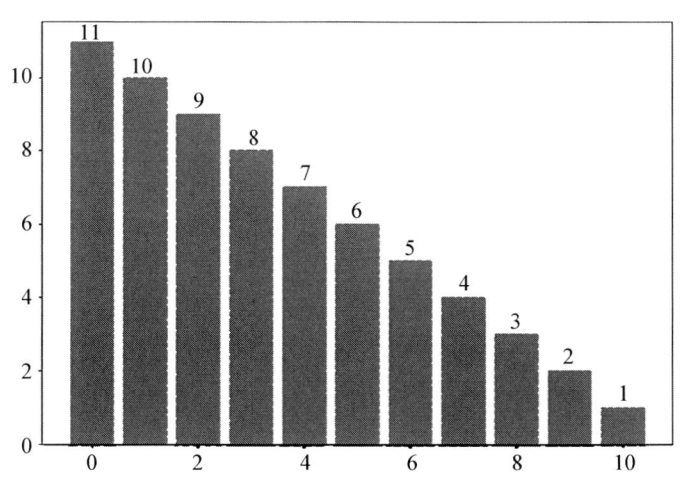

图 9-5 绘制柱状图并设置属性

9.1.4 绘制饼状图

饼状图适合描述数据的分布,尤其是描述各类数据占比的场合,如大型连锁商店各分店营业额分布情况。

【例 9-6】 饼状图绘制与属性设置。

分析:matplotlib.pyplot 提供了用于绘制饼状图的 pie()函数,并且支持绘制饼状图时设置标签、颜色、起始角度、绘制方向(顺时针或逆时针)、中心、半径、阴影等各种属性。

```python
import numpy as np
import matplotlib.pyplot as plt

labels = ('Frogs', 'Hogs', 'Dogs', 'Logs')
colors = ('#FF0000', 'yellowgreen', 'gold', 'blue')
explode = (0, 0.02, 0, 0.08)              # 使所有饼状图中的第 2 片和第 4 片裂开

fig = plt.figure(num= 1,                  # num 为数字表示图像编号
                                          # 如果是字符串则表示图形窗口标题
    figsize= (10,8),                      # 图形大小,格式为(宽度,高度),单位为英寸
    dpi= 110,                             # 分辨率
    facecolor= 'white')                   # 背景色

ax = fig.gca()                            # 获取当前轴
ax.pie(np.random.random(4),               # 4 个介于 0 和 1 之间的随机数据
    explode= explode,                     # 设置每个扇形的裂出情况
    labels= labels,                       # 设置每个扇形的标签
    colors= colors,                       # 设置每个扇形的颜色
    pctdistance= 0.8,                     # 设置扇形内百分比文本与中心的距离
    autopct= '%1.1f%%',                   # 设置每个扇形上百分比文本的格式
    shadow= True,                         # 使用阴影,呈现一定的立体感
    startangle= 90,                       # 设置第一块扇形的起始角度
    radius= 0.25,                         # 设置饼的半径
    center= (0, 0),                       # 设置饼在图形窗口中的坐标
    counterclock= False,                  # 顺时针绘制,默认是逆时针
    frame= True)                          # 显示图形边框
ax.pie(np.random.random(4), explode= explode, labels= labels,
    colors= colors, autopct= '%1.1f%%', shadow= True,
    startangle= 45, radius= 0.25, center= (1, 1), frame= True)
ax.pie(np.random.random(4), explode= explode, labels= labels,
    colors= colors, autopct= '%1.1f%%', shadow= True,
    startangle= 90, radius= 0.25, center= (0, 1), frame= True)
ax.pie(np.random.random(4), explode= explode, labels= labels,
    colors= colors, autopct= '%1.2f%%', shadow= False,
    startangle= 135, radius= 0.35, center= (1, 0), frame= True)

ax.set_xticks([0, 1])                     # 设置 x 轴坐标轴刻度
ax.set_yticks([0, 1])                     # 设置 y 轴坐标轴刻度
```

```
ax.set_xticklabels(["Sunny", "Cloudy"])        # 设置坐标轴刻度上的标签
ax.set_yticklabels(["Dry", "Rainy"])

ax.set_xlim((- 0.5, 1.5))                       # 设置坐标轴跨度
ax.set_ylim((- 0.5, 1.5))

ax.set_aspect('equal')                          # 设置纵横比相等

plt.show()
```

运行结果如图 9-6 所示。

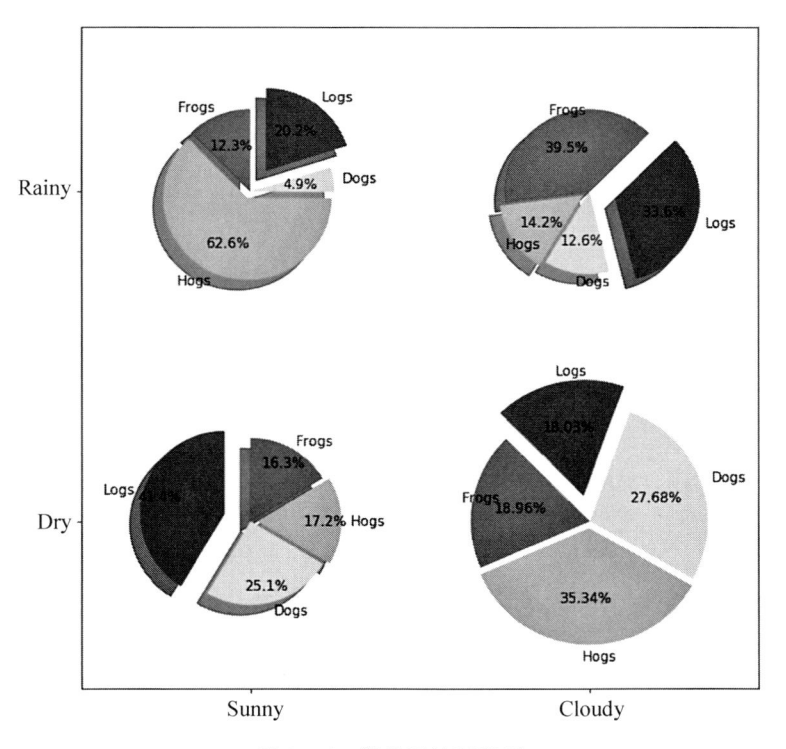

图 9-6 饼状图绘制效果

9.1.5 绘制词云图

词云图(word cloud chart)是用每个词的大小,显示不同单词在给定文本中的出现频率,词越大,出现频率越高。然后,将所有的字词排在一起,形成云状图案,也可以任何格式排列,如水平线、垂直列或其他形状,还可用于显示获分配元数据的单词。在词云图上使用颜色通常是毫无意义的,主要是为了美观,但我们可以用颜色对单词进行分类或显示另一个数据变量。词云图通常用于网站或博客上,用于描述关键字或标签,也可用来比较两个不同的文本。词云图的可选的参数见表 9-2。

表 9-2　　　　　　　　　　　　WordCloud()可选的参数

参 数 名	含　　义
font_path	可用于指定字体路径,包括 otf 和 ttf
width	词云的宽度,默认为 400
height	词云的高度,默认为 200
mask	蒙版,可用于定制词云的形状
min_font_size	最小字号,默认为 4
max_font_size	最大字号,默认为词云的高度
max_words	次的最大数量,默认为 200
stopwords	将被忽略的停用词,如果不指定则使用默认的停用词词库
background_color	背景颜色,默认为 black
mode	默认为 RGB 模式,如果为 RGBA 模式且 background_color 设为 None,则背景将透明

　　词云图可以通过 wordcloud 包的 WordCloud()函数实现,不仅可以实现方形的词云图,而且能借助 PIL 包的 Image()函数导入二值化的图像,从而实现不同形状的词云图。在做中文文本分析时,可以借助 jieba 包做分词处理,然后使用 WordCloud()函数做文本的统计分析。其中,词云图的具体实现代码如下所示。

```
from wordcloud import WordCloud
import matplotlib.pyplot as plt

# 打开文本
text = open("D:\PythonCode\电影评价.txt", encoding= "utf- 8").read()
# print(text)
# print(type(text))    # < class 'str'>

# 生成对象
wc = WordCloud().generate(text)

# 显示词云
plt.imshow(wc, interpolation= 'bilinear')   # interpolation 设置插值,
                                            　　　　　　　　　　　 设置颜色、排列等

plt.axis("off")    # 关闭坐标轴
plt.show()
```

```
# 将词云图片保存到文件
wc.to_file("D:\PythonCode\wordcloud1.png")
```

程序运行结果见图 9-7 所示。

图 9-7 词云图输出结果

9.2 Pandas 绘图

matplotlib 虽然功能强大,但是相对而言较为底层,画图时步骤较为烦琐。目前有很多的开源框架所实现的绘图功能是基于 matplotlib 的,Pandas 便是其中之一。对于 Pandas 数据,直接使用 Pandas 本身实现的绘图方法比使用 matplotlib 更加方便简单。Pandas 的两类基本数据结构 Series 和 DataFrame 都可以使用 df.plot.xxx()方法生成各类图表,包括折线图、柱状图、直方图、饼图、散点图等。

9.2.1 用 Pandas 绘图的步骤

用 Pandas 编写绘图语句可以分为四步。

(1) 导入模块

因为 Pandas 绘图是基于 matplotlib 的,所以要同时导入 matplotlib 模块和 Pandas 模块。导入模块的代码如下:

```
import matplotlib.pyplot as plt    # 导入 matplotlib 模块
import pandas as pd                # 导入 Pandas 模块
import numpy as np                 # 如果程序中用到 Numpy 模块,则要导入 Numpy 模块
plt.rcParams['font.sans-serif'] = ['Microsoft YaHei']
                                   # 如要在图中显示中文字符,则写上本行
```

(2) 准备数据根据

根据 Pandas 的数据类型(Series、DataFrame)准备数据。例如：

```
test_dict= {'销售量':[1000,2000,5000,2000,4000,3000],'收藏':[1500,2300,
3500,2400,1900,3000]}
df = pd.DataFrame(test_dict,index= ['一月','二月','三月','四月','五月','六月'])
```

(3) 绘制图形

Pandas 有自己的画布和坐标系，一般情况下不用创建画布和坐标系，Pandas 会绘制到它自己默认的画布和坐标系中。Series、DataFrame 都有一个用于生成各类图表的 plot()方法，所以要把准备好的数据传到绘图方法 plot()中。例如：

```
df.plot.line()
```

可以修改或添加坐标轴的标题、轴标签等，修改坐标轴的语句要放在上面绘图语句的后面，表示修改的坐标轴是当前 Pandas 的画布和坐标系。例如：

```
plt.xlabel('月份')              # 添加 X 轴标签
plt.ylabel('销售量')            # 添加 Y 轴标签
plt.title('每月销售量趋势图')    # 添加标题
```

(4) 显示图形

绘制的图形仍然要用 matplotlib 的 plt.show()方法来显示，代码如下：

```
plot.show()       # 显示图形
```

程序运行结果见图 9-8 所示。

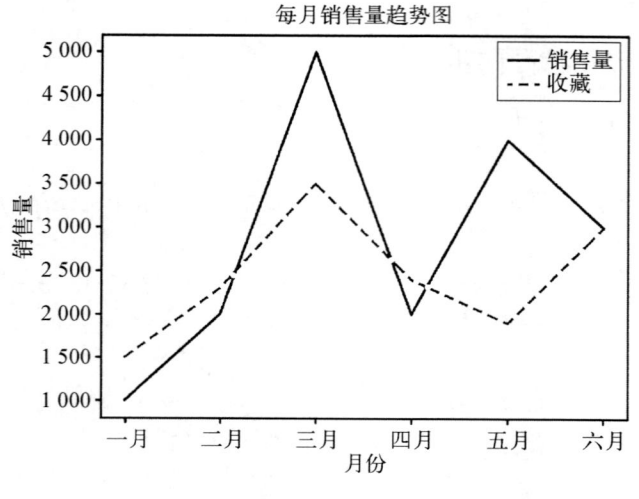

图 9-8　Pandas 绘图

9.2.2 绘制折线图

折线图(line chart)以折线的上升或下降来表示统计数量的增减变化,因此非常适用于显示在相等时间间隔下数据的变化趋势。

如果绘图方法中用到的数据是以 Series 对象的方式提供的,则创建 Series 对象的格式如下:

```
Series 对象= pd.Series(data,index= 索引,dtype= "数据类型")
```

由于 Series 对象只提供一组数据,因此利用这一组数据只能绘制一幅图形。x 轴坐标由 index 提供,y 轴坐标由 data 提供,所以 Series 对象用于绘制单折线图。

根据 Series 对象中的数据,生成折线图的语法格式如下:

```
Series 对象.plot.line(figsize= None,use_index= True,title= None,
grid= None,
legend= False,style= None,xticks= None,yticks= None,xlim= None,ylim=
None,rot= None,
fontsize= None,colormap= None,label= None,subplots= False,fiqsize=
None,* * kwds)
```

说明:
① figsize:设置图像尺寸。
② use_index:默认为 True,表示用 Series 或 DataFrame 的 index 绘制 x 轴。
③ title:设置图的标题。
④ grid:设置网格。
⑤ legend:默认为 False,表示不显示图例。当 legend=True 时,显示 label="图例文字"中设置的图例。
⑥ style:设置绘图的风格,如"ko——"。
⑦ xticks:设置用作 X 轴刻度的值。
⑧ yticks:设置用作 Y 轴刻度的值。
⑨ xlim:X 轴的界限,例如[0,10]。
⑩ ylim:Y 轴的界限。
⑪ rot:旋转刻度标签 0~360°。
⑫ fontsize:设置字体尺寸。
⑬ colormap:设置图的颜色。
⑭ label:设置图例。需要配合 legend=True 或 plt.legend()方法才能显示到图中。
⑮ subplots:设置子图模式,默认为 False(不是子图模式)。
⑯ figsize:子图模式下子图的划分,共用 X 轴。例如 figsize=(6,6)。
⑰ * * kwds:表示第二组或更多参数。用于实现叠加图,即用一条指令画多条不同格式的线。

【例 9 - 7】 根据 Series 对象中的数据绘制折线图。

```
import matplotlib.pyplot as plt    # 导入 matplotlib 模块
import pandas as pd                # 导入 Pandas 模块
s1= pd.Series([2, 5, 3, 8, 1], index= [0, 1, 2, 3, 4])   # 准备数据
s2= pd.Series([7, 3, 6, 4, 5])              # 若省略索引,则自动创建索引 0~4
s1.plot.line(label= 's1')                   # 绘制折线图
s2.plot.line(label= 's2', legend= True)     # 绘制折线图
plt.legend()                                # 显示图例
plt.show()                                  # 显示图形
```

用 Series 对象绘制折线图时,图形的 x 轴坐标与 Series 的索引值相对应,x 轴坐标为 0、1、2、3、4;y 轴坐标为 2、5、3、8、1;坐标原点为(0,0),即连线的坐标是(0,2)、(1,5)、(2,3)、(3,8)和(4,1)。运行结果如图 9-9 所示。

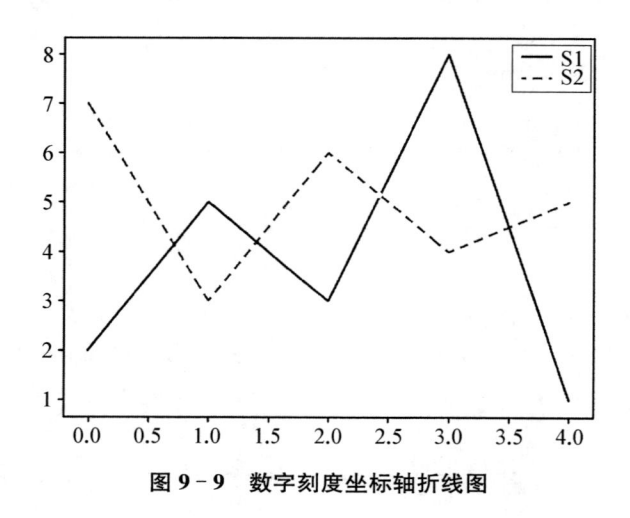

图 9-9 数字刻度坐标轴折线图

9.2.3 绘制柱状图

根据 Series 对象或 DataFrame 对象中的数据,绘制垂直柱状图的语法格式如下:

```
Series 对象或 DataFrame 对象.plot.bar(stacked= False, * * kwds)
```

该方法中有很多属性,多数与 Series 对象的 plot.line()方法相同。其中 stacked 是柱状图特有的参数,用于设置是否叠加柱状图,默认为 False(不叠加)。柱状图分为垂直柱状图和水平柱状图两种,绘制垂直柱状图使用 plot.bar()方法,绘制水平柱状图使用 plot.barh()方法,两者的参数相同。

【例 9-8】 根据 DataFrame 对象中的数据绘制柱状图。

```
import matplotlib.pyplot as plt    # 导入 Matplotlib 模块
import pandas as pd                # 导入 Pandas 模块
```

```
plt.rcParams['font.sans- serif'] = ['Microsoft YaHei']
                                          # 在图中显示中文字符
data= [[18,20,19],[20,18,18],[18,20,20],[18,19,20],[20,18,19]]
                                          # 创建二维列表
df= pd.DataFrame(data,index= [0,1,2,3,4],columns= ['a','b','c'])
                                          # 创建 df 对象
df.plot.bar(title= "垂直柱状图")      # 绘制垂直柱状图
df.plot.bar(title= "叠加的垂直柱状图", stacked= True)
                                          # 绘制叠加的垂直柱状图
df.plot.barh(title= "水平柱状图")     # 绘制水平柱状图
df.plot.barh(title= "叠加的水平柱状图", stacked= True)
                                          # 绘制加的水平柱状图
plt.show()                           # 显示图形
```

运行结果如图 9-10 所示。

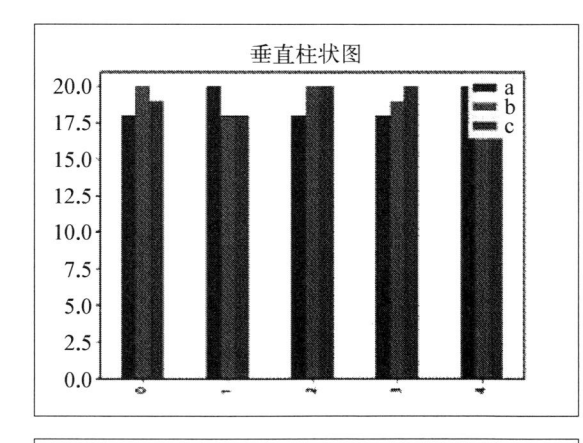

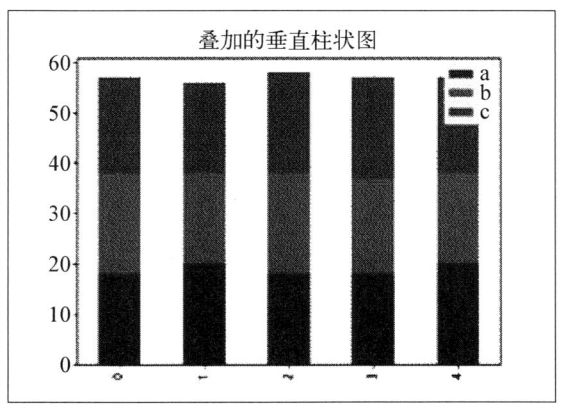

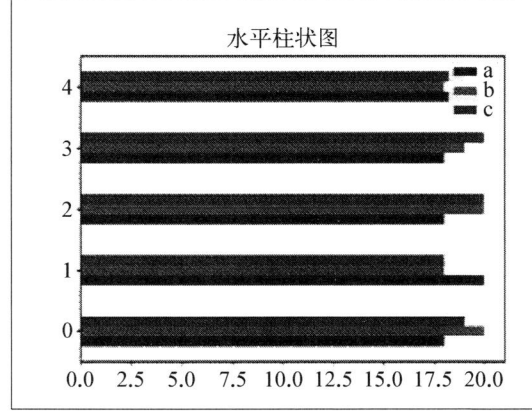

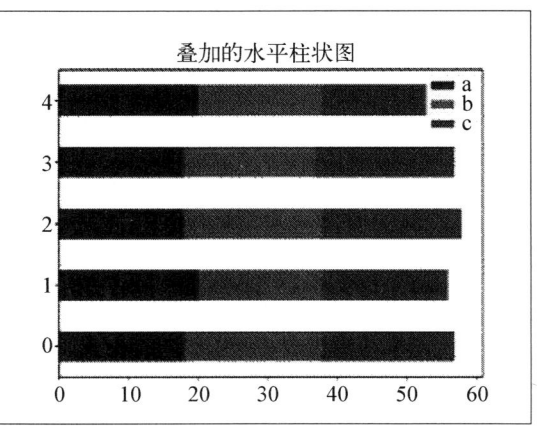

图 9-10 柱状图输出结果

9.3 CSV 文件数据可视化

在本节中,我们讲解如何处理数据文件,并对其进行可视化。我们将使用 Python 模块 CSV 来处理以 CSV 格式存储的天气数据,找出两个不同地区(阿拉斯加锡特卡和加州死亡谷)在一段时间内的最高温度和最低温度。然后,我们将使用 matplotlib 根据下载的数据创建一个图表,展示两个不同地区的气温变化。在本章的后面,我们将使用模块 JSON 来访问以 JSON 格式存储的交易收盘价数据,并使用 Pygal 绘制图形以探索价格变化的周期性。

9.3.1 分析 CSV 文件头

要在文本文件中存储数据,最简单的方式是将数据作为一系列以逗号分隔的值(CSV)写入文件。这样的文件被称为 CSV 文件。如下面是一行 CSV 格式的天气数据:

```
2023- 8- 1,61,44,26,18,7,- 1,56,30,9,30.34,30.27,30.15,,,,10,4,,0.00,0,,195
```

这是某地单日的天气数据,其中包含当天的最高气温和最低气温,还有众多其他数据。CSV 文件对人来说阅读起来比较麻烦,但程序可轻松地提取并处理其中的值,这有助于加快数据分析过程。

CSV 模块包含在 Python 标准库中,可用于分析 CSV 文件中的数据行,让我们能够快速提取感兴趣的值。下面先来查看这个文件的第一行,其中包含一系列有关数据的描述:

```python
import csv
filename = 'Greenland_weather_20230801.csv'
with open(filename) as f:         # 将结果文件对象存储在 f 中
    reader = csv.reader(f)        # 建一个与该文件相关联的 reader 对象
    header_row = next(reader)     # 得到的是文件的第一行
    print(header_row)
```

导入模块 CSV 后,我们将要使用的文件的名称存储在 filename 中。接下来,我们打开这个文件,并将结果文件对象存储在 f 中。然后,我们调用 csv. reader(),并将前面存储的文件对象作为实参传递给它,从而创建一个与该文件相关联的阅读器(reader)对象。我们将这个阅读器对象存储在 reader 中。

模块 CSV 包含函数 next(),调用它并将阅读器对象传递给它时,它将返回文件中的下一行。在前面的代码中,我们只调用了 next()一次,因此得到的是文件的第一行,其中包含文件头。我们将返回的数据存储在 header_row 中,header_row 包含与天气相关的文件头,指出了每行都包含哪些数据:

```
['GLDT','Max TemperatureF','Mean TemperatureF','Min TemperatureF',
'Max Dew PointF','MeanDew PointF','Min DewpointF','Max Humidity',
```

```
'Mean Humidity','Min Humidity','Max Sea Level PressureIn',
'Mean Sea Level PressureIn','Min Sea Level PressureIn',
'Max VisibilityMiles','Mean VisibilityMiles','Min VisibilityMiles',
'Max Wind SpeedMPH','Mean Wind SpeedMPH','Max Gust SpeedMPH',
'PrecipitationIn','CloudCover','Events','WindDirDegrees']
```

reader 处理文件中以逗号分隔的第一行数据，并将每项数据都作为一个元素存储在列表中。文件头 GLDT 表示北京时间（Greenland Daylight Time），其位置表明每行的第一个值都是日期或时间。文件头 Max TemperatureF 指出每行的第二个值都是当天的最高华氏温度。可通过阅读其他的文件头来确定文件包含的信息类型。文件头的格式并非总是一致的，空格和单位可能出现在奇怪的地方。这在原始数据文件中很常见，但不会带来任何问题。

9.3.2 打印文件头及其位置

为让文件头数据更容易理解，将列表中的每个文件头及其位置打印出来：

```
- - snip- -
with open(filename) as f:
    reader = csv.reader(f)
    header_row = next(reader)
    for index,column_header in enumerate(header_row):   # 获取索引
        print(index,column_header)
```

我们对列表调用了 enumerate() 来获取每个元素的索引及其值。[注意，我们删除了代码行 print(header_row)，转而显示这个更详细的版本。]输出如下，其中指出了每个文件头的索引：

```
0 GLDT
1 Max TemperatureF
2 Mean TemperatureF
3 Min TemperatureF
- - snip- -
20  CloudCover
21  Events
22  WindDirDegrees
```

从中可知，日期和最高气温分别存储在第零列和第一列。为研究这些数据，我们将处理 Greenland_weather_20230801.csv 中的每行数据，并提取其中索引为 0 和 1 的值。

9.3.3 提取并读取数据

知道需要哪些列中的数据后，我们来读取一些数据。首先读取每天的最高气温：

```
import csv
# 从文件中获取最高气温
filename = 'Greenland_weather_20230801.csv'
with open(filename) as f:
    reader = csv.reader(f)
    header_row = next(reader)
    highs = []                          # 创建空列表
    for row in reader:                  # 遍历文件中余下的各行
        highs.append(row[1])    # 索引1处(第二列)的数据附加到highs末尾
    print(highs)
```

我们创建了一个名为 highs 的空列表,再遍历文件中余下的各行。阅读器对象从其停留的地方继续往下读取 CSV 文件,每次都自动返回当前所处位置的下一行。由于我们已经读取了文件头行,因此这个循环将从第二行开始——从这行开始包含的是实际数据。每次执行该循环时,我们都将索引 1 处(第二列)的数据附加到 highs 末尾。

下面显示了 highs 现在存储的数据:

```
['64','71','64','59','69','62','61','55','57','61','57','59','57',
'61','64','61','59','63','60','57','69','63','62','59','57','57',
'61','59','61','61','66']
```

我们提取了每天的最高气温,并将它们作为字符串存储在一个列表中。下面使用 int() 将这些字符串转换为数字,让 matplotlib 能够读取它们:

```
--snip--
    highs = []
    for row in reader:
        high = int(row[1])        # 表示气温的字符串转换成数字
        highs.append(high)
    print(highs)
```

我们将表示气温的字符串转换成了数字,再将其附加到列表末尾。这样,最终的列表将包含以数字表示的每日最高气温:

```
[64,71,64,59,69,62,61,55,57,61,57,59,57,61,64,61,59,63,60,57,
69,63,62,59,57,57,61,59,61,61,66]
```

9.3.4 绘制图表

为可视化这些气温数据,我们首先使用 matplotlib 创建一个显示每日最高气温的简单图

形,如下所示:

```
import csv
from matplotlib import pyplot as plt
# 从文件中获取最高气温
- - snip- -
# 根据数据绘制图形
fig = plt.figure(dpi= 128,figsize= (10,6))
plt.plot(highs,c= 'red')        # 最高气温列表传给 plot()
# 设置图形的格式
plt.title("Daily high temperatures,July 2014",fontsize= 24)   # 设置字体大小和标签
plt.xlabel('',fontsize= 16)
plt.ylabel("Temperature (F)",fontsize= 16)
plt.tick_params(axis= 'both',which= 'major',labelsize= 16)
plt.show()
```

我们将最高气温列表传给 plot(),并传递 c='red'以便将数据点绘制为红色(红色显示最高气温,蓝色显示最低气温)。接下来,我们设置了一些其他的格式,如字体大小和标签。鉴于我们还没有添加日期,因而没有给 x 轴添加标签,但 plt.xlabel()确实修改了字体大小,让默认标签更容易被看清。图 9-11 显示了绘制的图表:一个简单的折线图,显示了每天的最高气温。

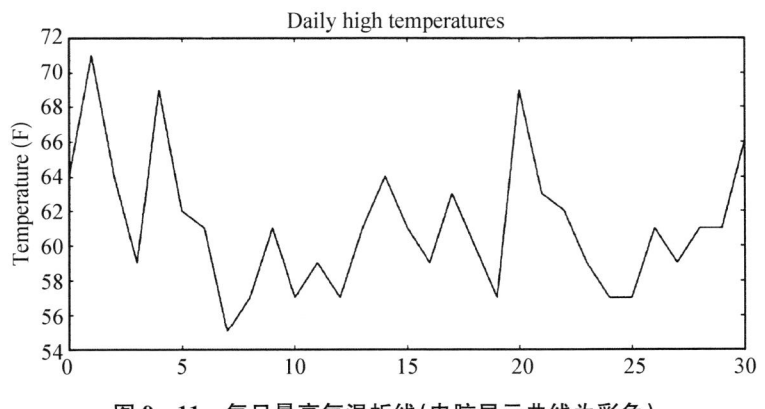

图 9-11 每日最高气温折线(电脑显示曲线为彩色)

本章小结

本章介绍了数据可视化常用的 matplotlib、Pandas 模块,介绍了它们常用方法,还介绍了如何处理 CSV 文件并将其数据可视化。借助图形图像的表达形式,将枯燥的、专业的、不直观的大量数据,通过图形化手段呈现,达到直观地、清晰地表达数据的目的。

本章练习

一、问答题
1. 什么是数据可视化？请简要说明数据可视化的作用。
2. 写出使用Python进行数据可视化的常用库及其特点。
3. 写出使用Python绘制折线图的代码，并说明折线图的特点。
4. 写出使用Python绘制柱状图的代码，并说明柱状图的特点。
5. 写出使用Python绘制散点图的代码，并说明散点图的特点。

二、编程题
1. 用matplotlib绘制一个饼图，表示一个班级不同年龄段学生的人数占比。
2. 创建一个2行1列的绘图区并在第一行第一列绘制函数$f(x)=x^2$的曲线图（x的取值范围是$[-1,1]$），在第二行第一列绘制函数$f(x)=1/x$的曲线图（x的取值范围$[0,1]$）。
3. 调用scatter函数绘制正弦函数的曲线，请在曲线中添加一个表示XY的轴线，并在X轴方向输出刻度标记文本。提示：利用plot函数绘制直线，然后在合适位置显示标记字符。
4. 使用matplotlib绘制一个折线图，横轴表示时间，纵轴表示温度，模拟一天中不同时刻的温度变化情况。
5. 读取"三国人名汇总.txt"中的人物名字，读取"三国演义.txt"的全部内容，先统计所有人物的名字在书本中出现的次数，并对出现次数超过100次的人物绘制一个柱状图，然后根据人物的词频绘制一个三国人名的词云图。
6. 读文件"600132.csv"中的股票数据，利用Python和matplotlib绘制2020年9月收盘价线型图，为每个数据点加标识"*"。

参 考 文 献

[1] 埃里克·马瑟斯. Python 编程：从入门到实践[M]. 第 3 版. 北京：人民邮电出版社，2023.
[2] 张雪萍. Python 程序设计[M]. 北京：电子工业出版社，2019.
[3] 董付国. Python 程序设计基础与应用[M]. 第 2 版. 北京：机械工业出版社，2022.
[4] 董付国. Python 程序设计开发宝典[M]. 北京：清华大学出版社，2017.
[5] 董付国. Python 程序设计实例教程(第 2 版)[M]. 北京：机械工业出版社，2023.
[6] 刘瑞新，杨景花，吴广裕. Python 程序设计[M]. 北京：机械工业出版社，2020.
[7] 卢西亚诺·拉马略. 流畅的 Python[M]. 北京：人民邮电出版社，2017.
[8] 陈春晖，翁恺，季江民. Python 程序设计[M]. 第 2 版. 北京：浙江大学出版社，2022.
[9] 张杰. Python 数据可视化之美：专业图表绘制指南[M]. 北京：电子工业出版社，2020.
[10] 韦斯·麦金尼. 利用 Python 进行数据分析[M]. 第 2 版. 北京：机械工业出版社，2018.
[11] 赵广辉，李敏之，邵艳玲. Python 程序设计基础[M]. 北京：高等教育出版社. 2021.

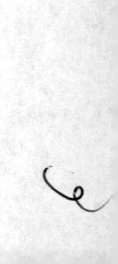